"十三五"应用型人才培养规划教材

U0378260

从新手到能手

——教你玩转数控车床编程与操作

王姬 主编

徐敏 陈杰 副主编

胡波 朱剑锋 参编

清华大学出版社

北京

内 容 简 介

本书是依据数控技能型人才培养培训方案的指导思想,以及劳动和社会保障部制定的数控车工国家职业技能鉴定标准编写的,符合中级数控车床操作员职业技能鉴定规范的基本要求。

本书分为新手入门、新手学步和技术能手三大模块,共 9 个项目,详细介绍了数控车床的编程方法和零件加工工艺,主要内容包括简单零件和复杂零件的加工工艺分析、编程以及机床操作等。每个项目都由 3 个小任务组成,以完成项目的加工步骤为主线,便于调动学生自主学习、自我实践的积极性。

本书可作为中等职业学校数控技术应用专业教材,也可作为职业技术院校机电一体化、机械制造类专业教材及机械类工人岗位培训和自学用书。

图书在版编目(CIP)数据

从新手到能手:教你玩转数控车床编程与操作/王姬主编.--北京:清华大学出版社,2016(2023.9重印)
"十三五"应用型人才培养规划教材
ISBN 978-7-302-44351-3

Ⅰ.①从… Ⅱ.①王… Ⅲ.①数控机床-车床-程序设计-高等学校-教材 ②数控机床-车床-操作-高等学校-教材 Ⅳ.①TG519.1

中国版本图书馆 CIP 数据核字(2016)第 167638 号

责任编辑:田在儒 闫一平
封面设计:牟兵营
责任校对:刘 静
责任印制:沈 露

出版发行:清华大学出版社
　　　　网　　　址:http://www.tup.com.cn, http://www.wqbook.com
　　　　地　　　址:北京清华大学学研大厦 A 座　　　　邮　　编:100084
　　　　社 总 机:010-83470000　　　　邮　　购:010-62786544
　　　　投稿与读者服务:010-62776969, c-service@tup.tsinghua.edu.cn
　　　　质量反馈:010-62772015, zhiliang@tup.tsinghua.edu.cn
　　　　课件下载:http://www.tup.com.cn,010-62770175-4278
印 装 者:三河市龙大印装有限公司
经　　销:全国新华书店
开　　本:185mm×260mm　　印　张:12.5　　　　字　　数:286 千字
版　　次:2016 年 10 月第 1 版　　　　印　　次:2023 年 9 月第 5 次印刷
定　　价:36.00 元

产品编号:068725-02

前言
FOREWORD

　　数控技术的广泛应用,给传统制造业的生产方式、产品结构、产业结构带来深刻的变化,也给传统的机电类专业人才培养带来新的挑战。我们根据教育部颁布的《中等职业学校数控技术应用专业领域技能型人才培养培训指导方案》开发编写了本专业系列教材。

　　本书重点介绍数控车床的编程方法和零件加工方法。在编写过程中,注重结合我国数控技术应用专业领域技能型紧缺人才需求的实际情况,借鉴了国内外先进的职业教育理念、模式和方法,对数控车床的教学内容做了大胆的改革,采用了项目式教学的编写体例,并参照相关的国家职业标准和行业的职业技能鉴定规范及初、中级技术工人等级考核标准编写。

　　本书分为新手入门、新手学步和技术能手三大模块,以华中数控系统数控车床为例,介绍了编程方法和零件加工工艺,主要内容包括简单零件和复杂零件的加工工艺分析、编程以及机床操作等。

　　本书坚持以服务为宗旨,以就业为导向的思想,突出了职业技能教育的特色。本书的主要特点如下。

　　(1) 本书编写理念上根据中职生的培养目标及认知特点,打破了传统的理论—实践—再理论的认知规律,代之以实践—理论—再实践的新认知规律,突出"做中学、学后再做"的新教育理念。

　　(2) 充分突出以能力为本位,采用项目教学的方法,以任务驱动和问题引导的形式组织教学内容,从易到难,循序渐进。

　　(3) 本书教学上坚持理实一体,贯彻"做中学、学中做"的职教理念,强调实践与理论的有机统一,技能上力求满足企业用工需要,理论上做到适度、够用。

　　(4) 本书选用的图标直观、形象,好教易学,定位准确,内容紧扣主题,简洁、通俗,除了可以作为学校的教学用书外,还可以作为相关专业技术工人的培训、自学教材。

　　全书分为三个大模块,共9个项目,每个项目都由3个小任务组成,以完成项目的加工步骤为主线,便于调动学生自主学习、自我实践的积极性。

　　本书由浙江省宁波市职业技术教育中心学校的王姬担任主编并统稿,浙江省鄞州职教中心学校的徐敏、宁波市职业技术教育中心学校的陈杰担任副主编,宁波市职业技术教育中心学校的姜玉哉、朱剑锋、胡波,宁波市第二技师学院的丁峰参与编写。

在本书的编写过程中,得到了宁波市职教中心和鄞州职教中心学校领导和专业教师的支持与帮助,在此一并表示诚挚感谢!

由于编者水平有限,书中难免有疏漏之处,敬请读者批评指正。

编　者

2016 年 7 月

目录
CONTENTS

新手入门： 数控车床实训准备知识

项目一　认识车床和车刀

任务一　普通车床和数控车床组成

学习目标

（1）了解普通车床和数控车床的结构；

（2）能比较普通车床和数控车床结构上的异同；

（3）了解普通车床和数控车床机床型号的含义。

知识链接

一、普通车床的结构

普通车床能对轴、盘、环等多种类型工件进行多种工序加工,常用于加工工件的内外回转表面、端面和各种内外螺纹,采用相应的刀具和附件,还可进行钻孔、扩孔、攻丝和滚花等加工。卧式普通车床是车床中应用最广泛的一种,约占车床类总数的 65%,因其主轴以水平方式放置故称为卧式车床。

CA6140 型普通车床的主要组成部件有：主轴箱、进给箱、丝杠、光杠、溜板箱、刀架、尾架和床身,如图 1-1 所示。

（1）主轴箱又称床头箱。它的主要任务是将主电机传来的旋转运动经过一系列的变速机构使主轴得到所需的正反两种转向的不同转速,同时主轴箱分出部分动力将运动传给进给箱。主轴箱中等主轴是车床的关键零件。主轴在轴承上运转的平稳性直接影响工件的加工质量,一旦主轴的旋转精度降低,机床的使用价值就会降低。

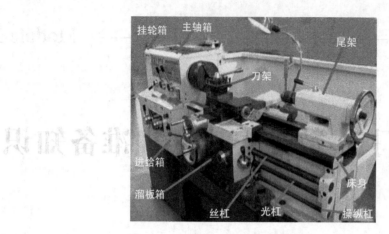

图 1-1 普通车床结构

（2）进给箱又称走刀箱。进给箱中装有进给运动的变速机构，调整其变速机构，可得到所需的进给量或螺距，通过光杠或丝杠将运动传至刀架以进行切削。

（3）丝杠与光杠用于连接进给箱与溜板箱，并把进给箱的运动和动力传给溜板箱，使溜板箱获得纵向直线运动。丝杠是专门用来车削各种螺纹而设置的，在进行工件的其他表面车削时，只用光杠，不用丝杠。

（4）溜板箱是车床进给运动的操纵箱，内装有将光杠和丝杠的旋转运动变成刀架直线运动的机构，通过光杠传动实现刀架的纵向进给运动、横向进给运动和快速移动，通过丝杠带动刀架做纵向直线运动，以便车削螺纹。

（5）刀架。刀架部件由几层刀架组成，它的功能是装夹刀具，使刀具做纵向、横向或斜向进给运动。

（6）尾架。安装做定位支撑用的后顶尖，也可以安装钻头、铰刀等孔加工刀具来进行孔加工。

（7）床身。在床身上安装车床各个主要部件，使它们在工作时保持准确的相对位置。

二、普通车床的特点

普通车床的主要特点如下：

（1）低速力矩大、输出平稳；

（2）转矩动态响应快、稳速精度高；

（3）减速停车速度快；

（4）抗干扰能力强。

三、普通车床的机床型号

普通车床的机床型号以 CA6140 为例：C——机床类别代号（车床类，拼音 chē）；A——结构特性代号，以区分与 C6140 型卧式车床主参数相同，但结构不同；6——机床组别代号（落地及卧式车床组）；1——机床型别代号（卧式车床型）；40——主要参数代号（最大车削直径 400mm）。

任务实施

（1）认识普通卧式车床的结构。请给出图 1-2 C6232A 型车床各部分名称。

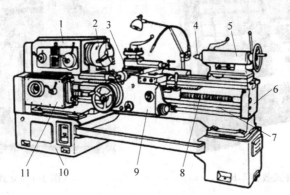

图 1-2　C6232A 型车床

1 _____　2 _____　3 _____　4 _____　5 _____　6 _____

7 _____　8 _____　9 _____　10 _____　11 _____

（2）机床型号包含一定的机床信息，不同的字母、数字具有不同的含义。请解释卧式车床 C6232A1 各个字符代码的含义。

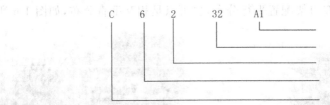

 **知识链接**

一、数控车床的分类

数控车床是使用计算机数字化信号控制的车床，数控车床又称为 CNC（Computer Numerical Control）车床。数控车床品种繁多，规格不一，下面认识一下有哪些种类的数控车床。

1. 按车床主轴位置分类

1）卧式数控车床

卧式数控车床又分为数控水平导轨卧式车床和数控倾斜导轨卧式车床。其倾斜导轨结构可以使车床具有更大的刚性，并易于排除切屑，如图 1-3 所示。

2）立式数控车床

立式数控车床简称数控立车，其车床主轴垂直于水平面，一个直径很大的圆形工作台，用来装夹工件。这类机床主要用于加工径向尺寸大、轴向尺寸相对较小的大型复杂零件,如图 1-4 所示。

图 1-3　卧式数控车床

图 1-4　立式数控车床

2. 按刀架数量分类

1) 单刀架数控车床

数控车床一般都配置有各种形式的单刀架,如四工位立式转位刀架或多工位转塔式自动转位刀架,如图 1-5 所示。

2) 双刀架数控车床

双刀架数控车床的双刀架配置平行分布,也可以是相互垂直分布,如图 1-6 所示。

图 1-5　单刀架数控车床

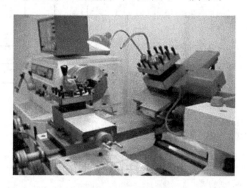

图 1-6　双刀架数控车床

3. 按功能分类

1) 经济型数控车床

经济型数控车床采用步进电动机和单片机对普通车床的进给系统进行改造后形成的简易型数控车床,成本较低,但自动化程度和功能都比较差,车削加工精度也不高,适用于要求不高的回转类零件的车削加工,如图 1-7 所示。

2) 普通数控车床

普通数控车床根据车削加工要求在结构上进行专门设计并配备通用数控系统而形成的数控车床,数控系统功能强,自动化程度和加工精度也比较高,适用于一般回转类零件的车削加工。这种数控车床可同时控制两个坐标轴，即 X 轴和 Z 轴，如图 1-8 所示。

图 1-7 经济型数控车床

图 1-8 普通数控车床

3）车削加工中心

车削加工中心是在普通数控车床的基础上，增加了 C 轴和动力头，是更高级的数控车床带有刀库，可控制 X、Z 和 C 3 个坐标轴，联动控制轴可以是 (X,Z)、(X,C) 或 (Z,C)。由于增加了 C 轴和铣削动力头，这种数控车床的加工功能大大增强，除一般车削可以进行径向和轴向铣削、曲面铣削、中心线不在零件回转中心的孔和径向孔的钻削等加工，如图 1-9 和图 1-10 所示。

图 1-9 车削加工中心

图 1-10 车削加工中心内部示意图

二、数控车床的结构

数控车床由数控装置、床身、主轴箱、刀架进给系统、尾座、液压系统、冷却系统、润滑系统、排屑器等组成，如图 1-11 所示。数控车床的机床附件有很多不同的种类，比如卡盘有三爪自定心卡盘、四爪单动卡盘等，也有机械卡盘和液压卡盘等。尾座有液压尾座、机械尾座等。控制系统也有各种不同的种类，常见的有华中系统、西门子系统、法兰克系统、广州数控等。刀架有 4 工位、6 工位、12 工位等，也有电动刀架和液压刀架等。

三、数控车床的机床型号

数控车床的机床型号比普通车床的复杂，以 CAK4085nj 为例：C ——机床类别代号

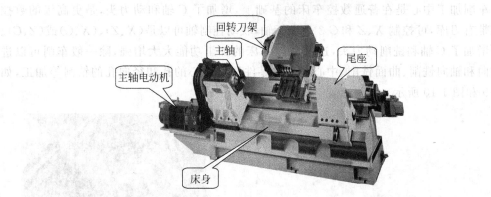

图 1-11　数控车床的结构

（车床类，拼音 chē）；A——结构特性代号；K——数控；4——组别代号；0——型别代号；85——主参数；n——配置 GSK980TD 数控系统；j——半封闭防护（i——全封闭防护）。

 任务实施

（1）了解数控卧式车床的结构特点。请给出图 1-12 CAK4085ni 型车床各部分名称。

1 _____　　2 _____　　3 _____　　4 _____
5 _____　　6 _____　　7 _____　　8 _____
9 _____　　10 _____　　11 _____

（2）机床型号代表一定的机床信息，不同的字母、数字代表不同的技术含义。请解释表 1-1 的数控车床 CAK4085ni 型号代码的含义。

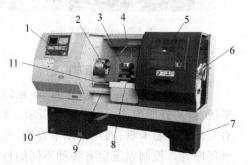

图 1-12　CAK4085ni 型车床

表 1-1 数控车床型号及代码含义

数控车床的型号	CAK4085ni
解释型号代码的含义	

（3）在学习和了解了普通卧式车床和数控卧式车床的不同结构后，大家做一个比较，看看数控车床和普通车床的不同之处，将结果填入表 1-2 中。

表 1-2 机床的差异

组成部件名称	区 别
主轴箱	普车：
	数车：
操作板	普车：
	数车：
刀架	普车：
	数车：
纵向、横向两根移动轴	普车：
	数车：
床身系统显示屏幕	普车：
	数车：

（4）数控车床除了机床床体之外，还安装有各种机床附件，机床的正常运行需要这些机床附件。请写出表 1-3 中所给机床附件的名称及作用。

表 1-3 常见的机床附件及作用

图 示	名 称	作 用
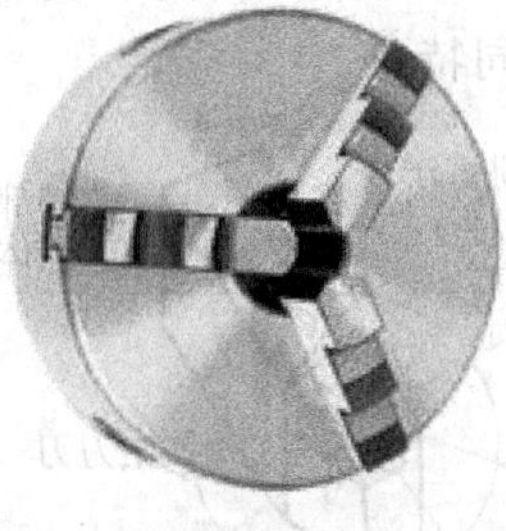		

续表

图　示	名　称	作　用

任务二　普通车刀和数控车刀

学习目标

（1）掌握普通车刀的结构和角度组成；

（2）了解车刀的分类；

（3）掌握数控车刀的结构和刀片的类型。

知识链接

车刀是车削加工中的主要刀具之一，有很多不同的种类，随着加工技术的不断发展，出现了专门的数控车削刀具。与普通车削刀具相比，数控车刀有着高精度、高硬度、可换性好的特点。在学习使用车刀前，先来比较一下两种车刀的不同特点。

一、普通车刀的结构

车刀是由刀头和刀杆两部分组成，刀头是车刀的切削部分，刀杆是车刀的夹持部分。车刀的切削部分由三面、两刃和一尖组成，如图 1-13 所示。

（1）前刀面：刀具上切屑流过的表面，也是车刀刀头的上表面。

（2）主后刀面：刀具上同前面相交形成主切削刃的后面。

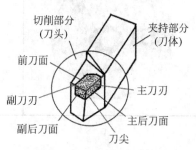

图 1-13　普通车刀结构

（3）副后刀面：刀具上同前面相交形成副切削刃的后面。

（4）主切削刃（主刀刃）：起始于切削刃上主偏角为零的点且至少有一段切削刃是用来在工件上切出过渡表面的那个整段切削刃。

（5）副切削刃（副刀刃）：切削刃上除主切削刃部分以外的刃，它也起始于主偏角为零的点，但该刃是向着背离主切削刃的方向延伸的。

（6）刀尖：刀尖指主切削刃与副切削刃的连接处相当少的一部分切削刃，实际上刀尖是一段很小的圆弧过渡刃。

二、普通车刀的角度组成

为了满足车削加工的要求，车刀被定义了很多需要严格控制的角度。在定义这些角度之前，先要了解测量车刀角度的基准平面，如图 1-14 所示。

基面：为过切削刃选定点平行或垂直刀具安装面（或轴线）的平面。

切削平面：为过切削刃选定点与切削刃相切并垂直于基面的平面。

正交平面：为过切削刃选定点同时垂直于切削平面和基面的平面。

车刀切削部分共有 6 个角度：前角、主后角、副后角、主偏角、副偏角和刃倾角，如图 1-15 所示。车刀主要角度标注符号和作用如表 1-4 所示。

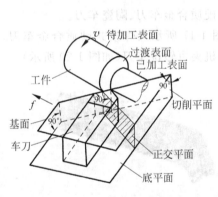

图 1-14　车刀角度的辅助平面

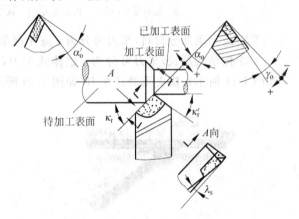

图 1-15　车刀的角度

表 1-4　车刀主要角度标注符号和作用

角度	符号	定　　义	作　　用
前角	γ_o	前刀面和基面的夹角	影响刃口的锋利程度、强度、切削变形和切削力
主后角	α_o	后刀面和切削平面的夹角	主要减少车刀后刀面与工件的摩擦
主偏角	κ_r	主切削刃在基面上的投影与进给运动方向间的夹角	改变主切削刃和刀头的受力和散热
副偏角	κ_r'	副切削刃在基面上的投影与背离进给运动方向间的夹角	减少副切削刃与工件已加工表面的摩擦
刃倾角	λ_s	主切削刃与基面的夹角	控制排屑方向，负值时，增加刀头强度和保护刀尖

三、车刀的分类

车刀有不同的分类，常见的有以下几种。

（1）按用途分，车刀可分为外圆刀、端面刀、螺纹刀、切断刀、内孔刀等，如图 1-16 所示。

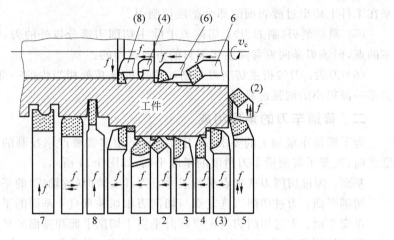

图 1-16　车刀种类的示意图

1—直头外圆车刀；2(2)—弯头外圆车刀；3(3)—90°偏刀；4(4)—螺纹车刀；

5—端面车刀；6(6)—内孔车刀；7—成型车刀；8(8)—车槽、切断刀

（2）按切削部分材料，车刀可分为：高速钢车刀、硬质合金车刀、陶瓷车刀。

（3）按结构形式，车刀可分为：整体式车刀（如图 1-17 所示）、焊接式硬质合金车刀（如图 1-18 所示）、机夹重磨式车刀（如图 1-19 所示）、机夹可转位车刀（如图 1-20 所示）。

图 1-17　整体式车刀

图 1-18　焊接式硬质合金车刀

图 1-19　机夹重磨式车刀

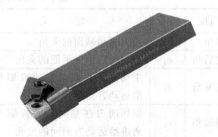

图 1-20　机夹可转位车刀

（4）按切削刃的复杂程度，车刀可分为：普通车刀、成型车刀。

任务实施

(1) 车刀切削部分由"三面两刃一尖"组成,请参照普通外圆车刀分别指出三面、两刃和一尖,并在图 1-21 空格处分别填写车刀各组成部分的名称。

三面是指：_____、_____和_____；

两刃是指：_____和_____；

一尖是指：_____。

(2) 为了满足车削加工的要求,车刀被定义了很多需要严格控制的角度,请在图 1-22 中分别给出角度标注符标注的角度名称(主偏角 κ_r、刃倾角 λ_s、前角 γ_o、主后角 α_o、副偏角 κ_r')。

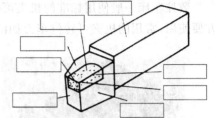

图 1-21 车刀组成部分

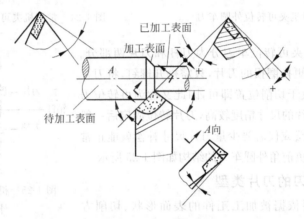

图 1-22 车刀的角度

(3) 请在表 1-5 中填写示意图对应的刀具名称。

表 1-5 车刀的种类

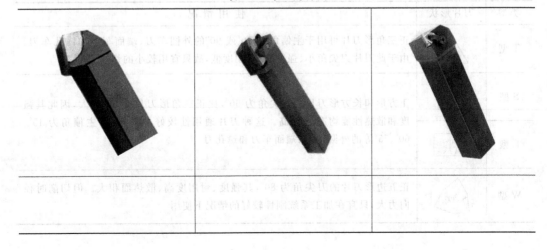

知识链接

一、数控车刀的结构

数控车床一般使用标准的机夹可转位车刀,其主要目的是提高数控车床的工作效率,方便使用,常用的机夹可转位车刀如图 1-23 和图 1-24 所示。

图 1-23 常用机夹可转位外圆车刀

图 1-24 常用机夹可转位内孔车刀

数控车床的机夹可转位车刀分为刀杆和刀片两部分。在数控车床加工中更换磨损的刀片,只需松开螺钉,将刀片转位,将新的刀刃放于切削位置即可,因此又称为可转位刀片。由于可转位刀片的尺寸精度较高,刀片转位固定后一般不需要刀具尺寸补偿或仅需要少量刀片尺寸补偿就能正常使用。机夹可转位负前角外圆车刀的结构如图 1-25 所示。

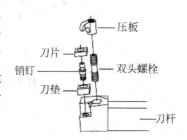

图 1-25 机夹可转位负前角外圆车刀的结构

二、数控车刀的刀片类型

刀片形状主要依据被加工工件的表面形状、切削方法、刀具寿命和刀片的转位次数等因素来选择,常用的硬质合金刀片和使用情况如表 1-6 所示。

表 1-6 常用硬质合金刀片和使用情况

类型	刀片形状	使用情况
T 型	60°	正三角形刀片可用于主偏角为 60°或 90°的外圆车刀、端面车刀和内孔车刀。由于此刀片刀尖角小、强度差、耐用度低,故只宜用较小的切削用量
S 型	90°	正方形和长方形刀片的刀尖角为 90°,比正三角形刀片的 60°要大,因此其强度和散热性能均有所提高。这种刀片通用性较好,主要用于主偏角为 45°、60°、75°等的外圆车刀、端面车刀和镗孔刀
L 型	90°	
W 型	80°	正五边形刀片的刀尖角为 80°,其强度、耐用度高、散热面积大。但切削时径向力大,只宜在加工系统刚性较好的情况下使用

续表

类型	刀片形状	使　用　情　况
C 型	80°	
D 型	55°	菱形刀片主要用于成形表面和圆弧表面的加工，其形状及尺寸可结合加工对象参照国家标准确定
K 型	55°	
V 型	35°	
R 型	●	圆形刀片主要用于成形表面和圆弧表面的加工，其形状及尺寸可结合加工对象参照国家标准确定

三、数控车刀的种类

在数控车床加工中会有各种不同形状和要求的零件，这要求数控车刀要能满足各种不同的加工场景，所以也就有了不同的数控车刀类型。常用的数控车刀类型如图 1-26 所示。

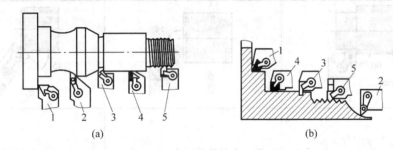

图 1-26　常用的数控车刀类型

1—外(内)端面车刀；2—外(内)轮廓车刀；3—外(内)切槽刀；4—外圆(内孔)车刀；5—外(内)螺纹车刀

任务实施

（1）数控车刀一般是机夹可转位车刀，是将可转位硬质合金刀片用机械的方法夹持在刀杆上形成的车刀，一般由刀片、刀垫、夹紧元件和刀体组成。请在图 1-27 空格处填写车刀各组成部分的名称。

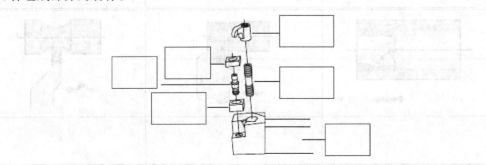

图 1-27　机夹可转位负前角外圆车刀的结构

(2) 完成表 1-7 中可转位刀片的类型填写。

表 1-7　可转位刀片的类型

类型	刀片形状	使　用　情　况
____型	60°	正三角形刀片可用于主偏角为 60°或 90°的外圆车刀、端面车刀和内孔车刀。由于此刀片刀尖角小、强度差、耐用度低,故只宜用较小的切削用量
____型	90°	正方形和长方形刀片的刀尖角为 90°,比正三角形刀片的 60°要大,因此其强度和散热性能均有所提高。这种刀片通用性较好,主要用于主偏角为 45°、60°、75°等的外圆车刀、端面车刀和镗孔刀
____型	90°	
____型	80°	
____型	55°	菱形刀片主要用于成形表面和圆弧表面的加工,其形状及尺寸可结合加工对象参照国家标准确定
____型	35°	

(3) 请指出表 1-8 中填写出示意图对应的刀具名称。

表 1-8　数控车刀的种类

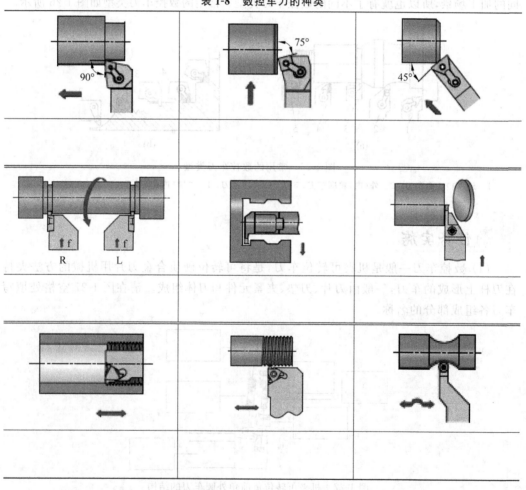

任务三　数控车床加工范围和典型数控系统

 学习目标

(1) 了解数控车床加工范围；
(2) 熟悉数控车床各种典型数控系统。

 知识链接

一、数控车床加工范围

数控车床主要用于加工轴类和盘类回转体零件，能够通过程序控制自动完成内外圆柱面、圆锥面、圆弧面、螺纹等工序的加工，还可以进行切槽、切断、钻孔、铰孔、镗孔、扩孔等，特别适合于形状复杂的零件或中、小批零件的加工。数控车床能够完成的加工内容如图 1-28 所示。

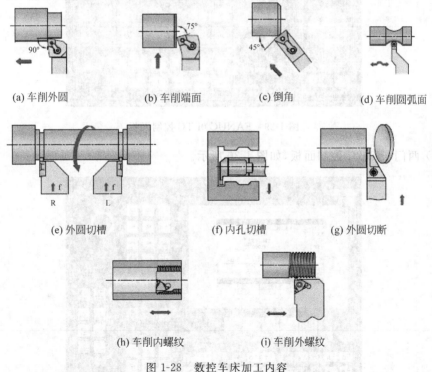

(a) 车削外圆　　(b) 车削端面　　(c) 倒角　　(d) 车削圆弧面

(e) 外圆切槽　　(f) 内孔切槽　　(g) 外圆切断

(h) 车削内螺纹　　(i) 车削外螺纹

图 1-28　数控车床加工内容

二、常见的数控系统

数控系统是数字控制系统的简称，英文名称为 Numerical Control System，它是根据计算机存储器中存储的控制程序，执行部分或全部数值控制功能，并配有接口电路和伺服驱动装置的专用计算机系统。安装不同数控系统的数控车床控制面板会有所不同。车床控制面板是控制机床的运动方式、运行状态，其操作会直接引起车床相应部件的运动。下面先认识几种常见的数控车床控制面板。

（1）FANUC 0i-TC 控制面板，如图 1-29 所示。

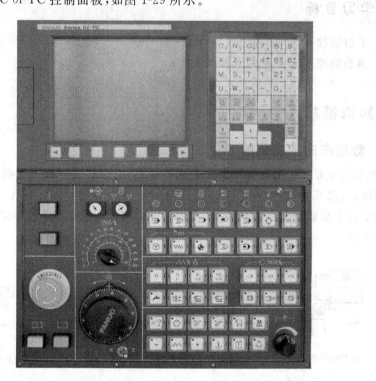

图 1-29　FANUC 0i-TC 控制面板

（2）西门子 802C 控制面板，如图 1-30 所示。

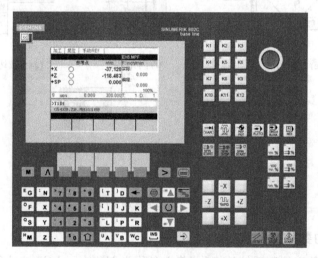

图 1-30　西门子 802C 控制面板

（3）华中世纪星控制面板，如图 1-31 所示。

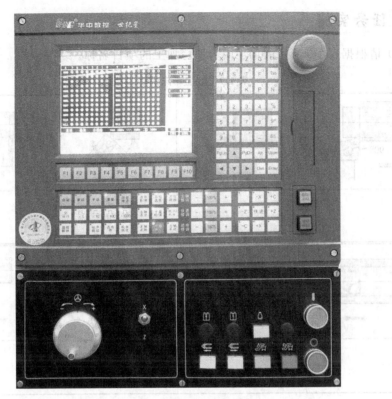

图 1-31 华中世纪星控制面板

（4）广州数控 980TD 控制面板，如图 1-32 所示。

图 1-32 广州数控 980TD 控制面板

任务实施

（1）请根据表1-9所示的加工内容填写加工的项目名称。

表1-9　数控车床的加工范围

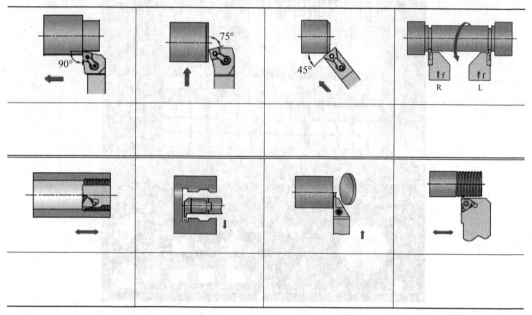

（2）数控车床主要是加工回转体类零件，请指出表1-10所示的零件种类。

表1-10　数控车床加工的零件种类

（3）请将正确的数控系统填入表 1-11 中对应的操作面板图片下的空格内。

表 1-11　典型的数控系统

系统名称：	系统名称：	系统名称：
产地：	产地：	产地：
系统名称：	系统名称：	系统名称：
产地：	产地：	产地：

（4）根据自己的数控实训车间，看看数控机床都配备了哪些数控系统和它的产地？请填入表 1-12 中。

表 1-12　数控车床的数控系统

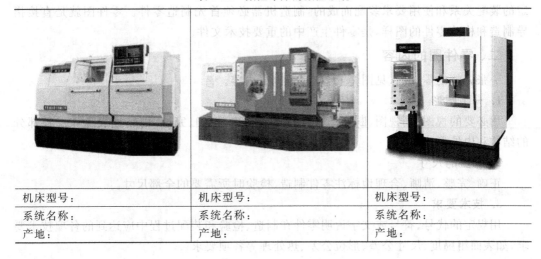

机床型号：	机床型号：	机床型号：
系统名称：	系统名称：	系统名称：
产地：	产地：	产地：

续表

机床型号：	机床型号：	机床型号：
系统名称：	系统名称：	系统名称：
产地：	产地：	产地：

项目二　编程与工艺基础

任务一　识读零件图

学习目标

（1）了解零件图的作用；

（2）掌握零件图的内容；

（3）了解零件图的技术要求标注。

知识链接

一、零件图的作用

零件是机器或部件的基本组成单元。任何一台机器或一个部件都是由若干零件按一定的装配关系和使用要求装配而成的，制造机器必须首先制造零件。零件图就是直接指导制造和检验零件的图样，是零件生产中的重要技术文件。

二、零件图的内容

一张完整的零件图（见图 2-1），应具备以下内容。

1. 一组图形

用必要的视图、剖视图、断面图及其他规定画法，正确、完整、清晰地表达零件各部分的结构和内外形状。

2. 完整的尺寸

正确、完整、清晰、合理地标注零件制造、检验时所需要的全部尺寸。

3. 技术要求

用规定的代号、符号或文字说明零件在制造、检验和装配过程中应达到的各项技术要求，如表面粗糙度、尺寸公差、形位公差、热处理等各项要求。

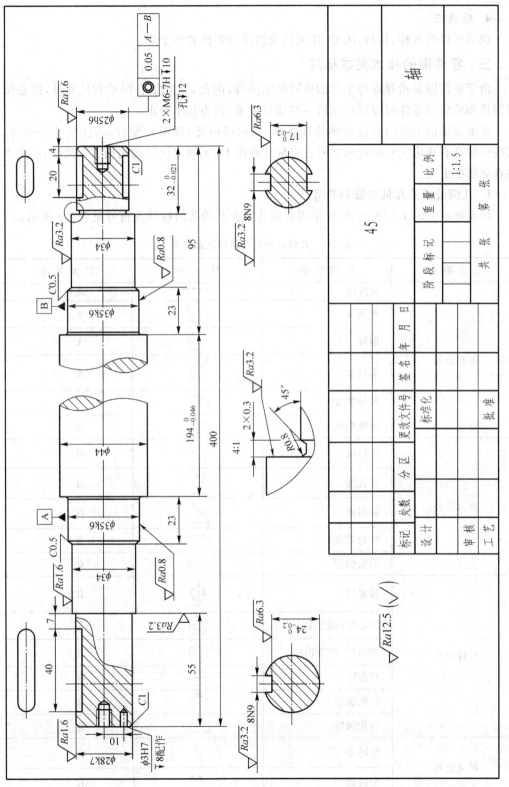

图 2-1　轴的零件图

4. 标题栏

说明零件的名称、材料、图号、比例以及图样的责任者签字等。

三、零件图的技术要求标注

由于零件图是指导零件生产的重要技术文件,因此,它除了有图形和尺寸外,还必须有制造和检验该零件时应该达到的一些质量要求,称为技术要求。

技术要求的主要内容包括热处理要求、表面粗糙度、极限与配合、未注尺寸公差等。这些内容凡有规定代号的需用代号直接标注在图上,无规定代号的则用文字说明,一般书写在标题栏上方。

1. 几何公差的几何特征和符号

国家标准 GB/T 1182—2008 中规定的几何公差的几何特征及符号见表 2-1 所示。

表 2-1　几何公差的几何特征及符号

公差类型	几何特征	符号	有无基准
形状公差	直线度	—	无
	平面度	▱	无
	圆度	○	无
	圆柱度	⌀	无
	线轮廓度	⌒	无
	面轮廓度	◠	无
方向公差	平行度	//	有
	垂直度	⊥	有
	倾斜度	∠	有
	线轮廓度	⌒	有
	面轮廓度	◠	有
位置公差	位置度	⊕	有或无
	同心度(用于中心点)	◎	有
	同轴度(用于轴线)	◎	有
	对称度	=	有
	线轮廓度	⌒	有
	面轮廓度	◠	有
跳动公差	圆跳动	↗	有
	全跳动	↗↗	有

2. 公差框格

公差要求在矩形方框中给出，该方框由两格或多格组成。框格中的内容从左到右按以下次序填写，如图 2-2 所示。

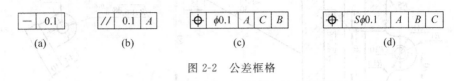

图 2-2　公差框格

（1）公差特征项目的符号。

（2）公差值用线性值，如公差带是圆形或圆柱形的则在公差值前加注"ϕ"；如是球形的则加注"$S\phi$"。

（3）如需要，用一个或多个字母表示基准要素或基准体系，如图 2-2(b)～(d)所示。

3. 基准

相对于被测要素的基准，由基准字母表示。带小圆的大写字母用细实线与粗的短横线相连（如图 2-3(a)所示），表示基准的字母也应注在公差框格内（如图 2-3(b)所示）。

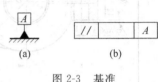

图 2-3　基准

4. 识读范例

图 2-4 中的公差要求举例解释如下。

| // | $\phi 0.02$ | A—B | $\phi 40$mm 的轴线对公共基准线 A—B 的平行度公差为 0.02mm。

| ⌀ | 0.01 | $\phi 40$mm 圆柱面的圆柱度公差为 0.01mm。

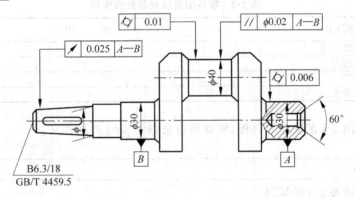

图 2-4　形位公差标注综合示例

 任务实施

（1）图 2-5 所示是一张标准的零件图纸，请指出零件图的各个部分的名称。

1＿＿＿＿＿　2＿＿＿＿＿　3＿＿＿＿＿　4＿＿＿＿＿

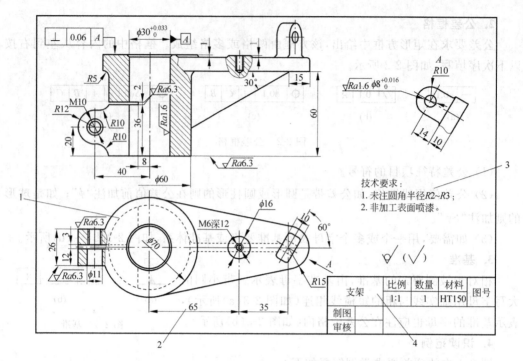

图 2-5 支架零件图

（2）请填写表 2-2，说明零件图各组成部分在图纸中的作用。

表 2-2 零件图各组成部分的作用

组成部件名称	作　用
完整的尺寸	
一组视图	
标题栏	
技术要求	

（3）识读图 2-5 的支架零件图，解释形位公差 ⊥ 0.06 A 的含义。

_____

_____

（4）请完成表 2-3 的填写。

表 2-3 几何公差的几何特征及符号

公差类型	几何特征	符　号	有无基准
形状公差	直线度	——	无
	平面度		无
	圆度		无
		⌖	无
		⌒	无
		⌓	无

续表

公差类型	几何特征	符　号	有无基准
方向公差	平行度		
	垂直度		
	倾斜度		
		⌒	有
		⌒	有
位置公差	位置度		有或无
	同心度（用于中心点）		有
	同轴度（用于轴线）		有
	对称度		有
		⌒	
跳动公差	圆跳动		
	全跳动		

知识链接

机器零件形状千差万别，它们既有共同之处，又各有特点。按其形状特点可分为以下几类：

(1) 轴套类零件，如机床主轴、各种传动轴、空心套等；

(2) 盘盖类零件，如各种车轮、手轮、凸缘压盖、圆盘等；

(3) 叉架（叉杆和支架）类零件，如摇杆、连杆、轴承座、支架等；

(4) 箱体类零件，如变速箱、阀体、机座、床身等。

上述各类零件在选择视图时都有自己的特点，要根据视图选择的原则分析、确定各类零件的表达方案。

一、轴套类零件

1. 结构特点

轴套类零件包括各种轴、套筒和衬套等。轴类零件是用来支承传动零件和传递动力的，套类零件通常是安装在轴上，起轴向定位、传动或连接等作用。

图 2-6 所示为车床尾座空心套零件图，属于套类零件。由图可见，轴类零件和套类零件的形体特征都是回转体，大多数轴的长度大于它的直径。按外部轮廓形状可将轴分为光轴、台阶轴、空心轴等。轴上常见的结构有越程槽（或退刀槽）、倒角、圆角、键槽、螺纹等。大多数套类零件的壁厚小于它的内孔直径。在套类零件上常有油槽、倒角、退刀槽、螺纹、油孔、销孔等。

2. 表示方法

(1) 轴套类零件多在车床上加工，所以应按加工位置和反映形状特征的方向确定主视图，轴线横放。这类零件的主要结构形状是回转体，一般只画一个基本视图。

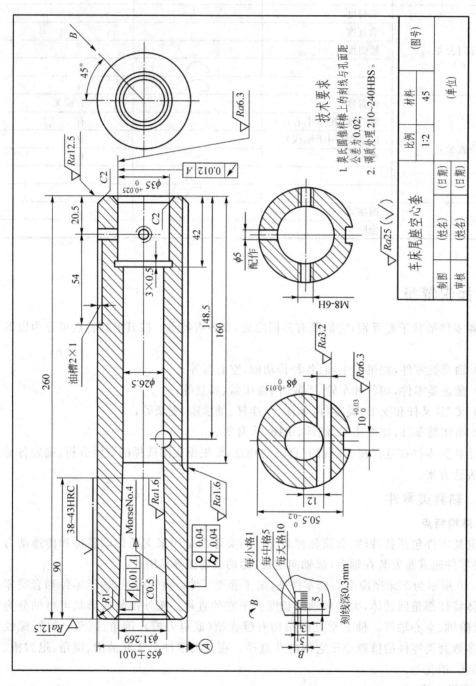

图 2-6 车床尾座空心套零件图

（2）零件上的其他结构形状，如键槽、退刀槽、砂轮越程槽和中心孔等可以用剖视、断面、局部视图、局部放大图和简化画法等表示，如图 2-6 所示。对于形状简单且较长的轴段还可以采用折断的方法表示。若套类零件的内部结构形状较复杂，可视其情况采用全剖视、半剖视或局部剖视。

3．尺寸标注

轴套类零件的主要尺寸是径向尺寸和轴向尺寸（高、宽尺寸和长度尺寸）。

在加工和测量径向尺寸时，均以轴线为基准（设计基准）；轴的长度方向的尺寸一般都以重要的定位面（轴肩）作为主要尺寸基准。

空心套的径向尺寸基准为轴心线，长度尺寸基准是右端面。如图 2-6 所示 20.5、42、148.5、160 等尺寸，均从右端面注起，该端面也是加工过程的测量基准；左端锥孔长度自然形成，不用标注。

图 2-6 中"$\phi5$ 配作"说明 $\phi5$mm 的孔必须与螺母装配后一起加工。左端长度尺寸 90 表示热处理淬火的范围。

4．技术要求

技术要求可从以下几方面分析。

（1）极限配合与表面粗糙度。为保证零件质量，重要的尺寸应标注尺寸偏差（或公差），零件的工作表面应标注表面粗糙度，对加工提出严格的要求。

空心套外径尺寸 $\phi55\pm0.01$mm，表面粗糙度 Ra 的上限值为 $1.6\mu m$，锥孔表面粗糙度 Ra 的上限值为 $1.6\mu m$，这样的表面精度只有经过磨削才能达到，而 $\phi26.5$mm 的内孔和端面的表面粗糙度 Ra 的上限值为 $25\mu m$ 和 $12.5\mu m$，车削就可以达到。

（2）形位公差。空心套外圆 $\phi55$mm 要求圆柱度公差为 0.04mm，两端内孔的圆跳动分别为 0.01mm 和 0.012mm。这些要求在零件加工过程中必须严格加以保证。

（3）其他技术要求。空心套材料为 45 钢，为了提高材料的强度和韧性要进行调质处理，硬度为 180～210HBS；为增加其耐磨性，至左端 90mm 处一段锥孔内表面要求表面淬火，硬度为 38～43HRC；技术要求中第一条对锥孔加工时提出检验误差的要求。

通过以上分析可以看出，轴套类零件的视图表达比较简单，主要是按加工时的加工状态选择主视图。尺寸标注主要是径向和轴向两个方向，基准选择也比较容易。但是，其技术要求的内容往往比较复杂。

二、盘盖类零件

1．结构特点

盘盖类零件有各种手轮、带轮、花盘、法兰、端盖及压盖等。盘盖类零件在机器中主要起支撑、轴向定位、密封及传递扭矩等作用。

图 2-7 所示为端盖，由图可见，盘盖零件的主体一般也为回转体，与轴套类零件不同的是，盘盖类零件轴向尺寸小而径向尺寸较大。这类零件上常有退刀槽、凸台、凹坑、倒角、圆角、轮齿、轮辐、筋板、螺孔、键槽和作为定位或连接用孔等结构。

2．表示方法

（1）大多数盘盖类零件主要是在车床上加工，应按反映形状特征和加工位置选择主视图，轴线水平放置。

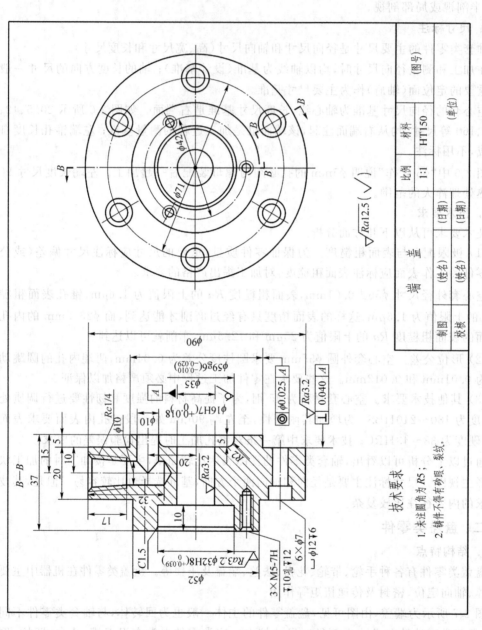

图 2-7　端盖的零件图

（2）盘盖类零件一般常用主、左（或右）两个视图表示。主视图采用全剖视（由单一剖切面或几个相交的剖切面剖切获得），左（或右）视图则用来表示其外形，尤其是盘上孔的分布情况，如图 2-7 所示。

（3）还未表达清楚的局部结构，常用局部视图、局部剖视图、断面图和局部放大图等补充表达。

3. 尺寸标注

（1）盘盖类零件主要是径向尺寸和轴向尺寸。径向尺寸的主要基准为轴线，轴向尺寸的主要基准是经过加工并与其他零件相接触的较大端面，如图 2-7 所示孔 $\phi59g6$ 的右端面。

（2）零件上各圆柱体的直径及较大的孔径的尺寸多注在非圆视图上。而位于盘上多个小孔的定位圆直径尺寸，如图 2-7 所示中 $\phi71$、$\phi42$，标注在投影为圆的视图中则较为清晰。

4. 技术要求

（1）由配合关系的内、外表面及起轴向定位作用的端面，其表面粗糙度的要求较高。

（2）由配合关系的孔、轴尺寸应给出相应的尺寸公差；与其他零件相接触的表面，尤其是与运动零件相接触的表面，应有平行度或垂直度的要求。

通过以上分析可以看出，盘盖类零件一般选用 1～2 个基本视图，主视图按加工位置画出，并做剖视。尺寸标注比较简单，对结合面（工作面）的有关尺寸精度、表面粗糙度和形位公差有比较严格的要求。

 任务实施

（1）在机械制图和车削加工中，各零件不仅有轮廓形状的要求，更有尺寸精度和表面质量的要求，而这些参数和要求都是需要在图样中读取，看看图 2-8 的螺杆零件有哪些具体要求？

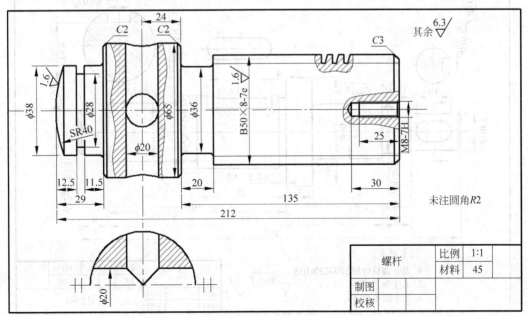

图 2-8　螺杆的零件图

① 该零件图共采用了两个视图,其中主视图采用了_____剖,另一个为_____图。

② 零件的轴向尺寸基准为_____,C2 表示_____。

③ 螺纹标记 B50×8-7e,B 表示_____螺纹,50 表示_____,8 表示_____,7e 表示_____。

④ 该零件采用_____材料,零件最左端为_____面,表面粗糙度要求为_____。

⑤ M8-7H 螺纹底孔深_____,螺纹孔深_____。

⑥ 该零件图名称为_____。绘图比例_____。

⑦ 主视图的左端有个尺寸"SR40",表示该处的基本体为_____体。

⑧ 该零件图中未注圆角半径为_____。

⑨ 直径为 65 的轴段长为_____。

⑩ 该零件的球头部分 SR40 的表面粗糙度为_____,其余表面的粗糙度为_____。

(2) 识读图 2-9 中的零件回答下列问题。

① 该零件名称叫_____,属于_____类零件,材料选用_____,其钢种为_____钢。

② 该零件的结构形状共用_____个图形表达,主视图采用_____剖视,另有两个为_____图,轴中部键槽上方的为_____图。

③ 此零件的轴向基准为_____,径向基准为_____。

④ 尺寸 2×0.5 表示_____槽,其中 2 表示_____,0.5 表示_____。

⑤ 左边键槽的定位尺寸为_____。

⑥ ⌾ $\phi0.015$ C—D 表示:_____。

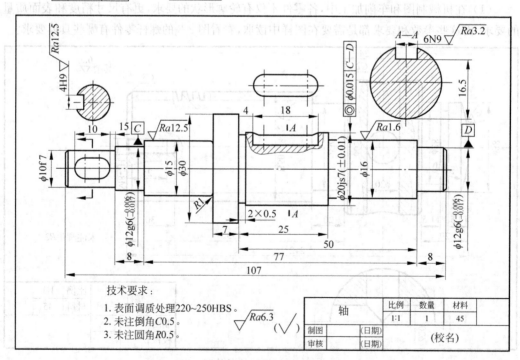

图 2-9 轴的零件图

任务二　数控车床编程基础

学习目标

(1) 了解数控车床程序编制的基本步骤；

(2) 熟悉数控车床的坐标系统；

(3) 熟悉程序结构与格式。

一、数控车床程序编制的基本步骤

数控机床程序编制（又称数控编程）是指编程者（程序员或数控机床操作者）根据零件图样和工艺文件的要求，编制可在数控机床上运行以完成规定加工任务的一系列指令的过程。具体来说，数控编程是由分析零件图样和工艺要求开始到程序检验合格为止的全部过程。

一般数控编程步骤如图 2-10 所示，由 6 个步骤组成：分析零件图、确定工艺过程、数值计算、编写程序单、程序输入和程序检验。

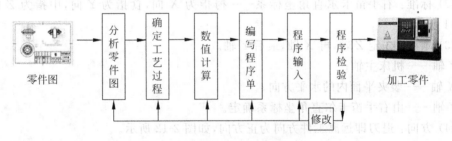

图 2-10　数控机床编程步骤

(1) 分析零件图。主要包括对零件图样要求的形状、尺寸、精度、材料及毛坯进行分析，明确加工内容与要求。

(2) 确定工艺过程。确定加工方案、走刀路线、切削参数以及选择刀具与夹具等内容。

(3) 数值计算。根据零件的几何尺寸、加工路线，计算出零件轮廓上几何要素的起点、终点及圆弧的圆心坐标等内容。

(4) 编写程序单。在完成以上 3 个步骤的工作之后，按照数控系统规定使用的功能指令代码和程序段格式，编写加工程序单。

(5) 程序输入。程序的输入可以通过键盘直接输入数控系统，也可以通过计算机通信接口输入数控系统。

(6) 程序检验。在正式用于生产加工前，必须进行程序运行检验，利用数控系统提供的图形显示功能,检查刀具轨迹的正确性,分析产生误差的原因,及时修改。在某些情况下,还需做零件试加工检验。根据检验结果,对程序进行修改和调整,检查—修改—再检查—再修改。这个过程往往要经过多次反复,直到获得完全满足加工要求的程序为止。

程序编制可分为手工编程和自动编程两种。

手工编程。上述编程步骤中的各项工作,主要由人工完成,这样的编程方式称为手工编程。在机械制造行业中,均有大量仅由直线、圆弧等几何元素构成的并不复杂的零件需要加工。这些零件的数值计算较为简单,程序段数不多,程序检验也容易实现,因而可采用手工编程方式完成编程工作。由于手工编程不需要特别配置专门的编程设备,不同文化程度的人均可掌握和运用,因此在国内外,手工编程仍然是一种运用十分普遍的编程方法。

自动编程。在加工形状复杂的工件时,采用计算机自动编程加工程序,这种编程方式称为自动编程。自动编程主要应用于复杂的模具和轮廓曲线的加工。

二、数控机床的坐标系

数控机床坐标系是为了确定工件在机床中的位置,机床运动部件特殊位置及运动范围,即描述机床运动,产生数据信息而建立的几何坐标系。通过机床坐标系的建立,可确定机床位置关系,获得所需的相关数据。数控机床坐标系的确定依据为国际上统一的 ISO 841 标准。

数控机床坐标系确定方法如下。

(1)假设:工件固定,刀具相对工件运动。

(2)标准:右手笛卡尔直角坐标系——拇指为 X 向,食指为 Y 向,中指为 Z 向,如图 2-11 所示。

(3)顺序:先定 Z 轴,再 X 轴,最后 Y 轴。

Z 轴——机床主轴;

X 轴——装夹平面内的水平方向;

Y 轴——由右手笛卡尔直角坐标系确定。

(4)方向:退刀即远离工件方向为正方向,如图 2-12 所示。

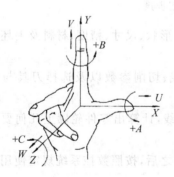

图 2-11　右手笛卡尔直角坐标系

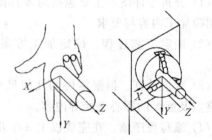

图 2-12　数控卧式车床坐标系

三、数控车床的坐标系种类

数控车床有 3 个坐标系即机械坐标系、编程坐标系和工件坐标系。机械坐标系的原点是生产厂家在制造机床时的固定坐标系原点，也称机械零点。它是在机床装配、调试时已经确定下来的，是机床加工的基准点。在使用中机械坐标系是由参考点来确定的，机床系统启动后，进行返回参考点操作，机械坐标系就建立了。坐标系一经建立，只要不切断电源，坐标系就不会变化。编程坐标系是编程序时使用的坐标系，是编程者自己确定的，可以任意设置。但是，为了使编程时坐标计算简单，数控车床的编程坐标系一般设置在主轴中心线与工件左端面或右端面交点，如图 2-13 所示。工件坐标系是机床进行加工时使用的坐标系，它应该与编程坐标系一致。能否让编程坐标系与工坐标系一致，是操作的关键。

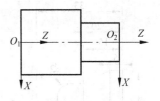

图 2-13　数控车床编程坐标系

任务实施

（1）右手直角笛卡儿坐标系是数控机床建立坐标系参考，分别用右手的拇指来表示机床的坐标轴。在右手笛卡儿直角坐标系中：拇指为_____向，食指为_____向，中指为_____向。完成表 2-4 的填写。

表 2-4　右手直角笛卡儿坐标系

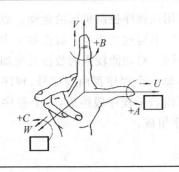

在数控加工中除了移动轴之外，多轴加工技术中有旋转轴，分别是绕着 3 个移动坐标轴转动的，那么左侧图中 A 轴是绕着_____转动，B 轴是绕着_____转动，C 轴是绕着_____转动

（2）以学校的数控车床为例，经济型数控车床只有两根移动坐标轴，分别为 X 轴和 Z 轴，参考右手直角笛卡儿坐标系完成表 2-5 的填写。

表 2-5　经济型数控车床

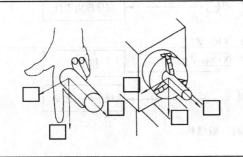

在左侧示意图中的方框内填写坐标轴。
分别给数控车床的坐标轴填写方向

（3）表 2-6 中左图的坐标系建立在工件右侧端面中心，试完成坐标点数值计算。

表 2-6　坐标计算

节点	X 坐标	Z 坐标
1		
2		
3		
4		
5		
6		
7		
8		

知识链接

一、数控程序的结构

在数控车床上加工零件，首先要编制程序，然后用该程序控制机床的运动。数控指令的集合称为程序。在程序中根据机床的实际运动顺序书写这些指令。数控加工中零件加工程序的组成形式随数控系统功能的强弱而略有不同。对功能较强的数控系统加工程序可分为主程序和子程序，但无论主程序还是子程序，每一个程序都由程序号、程序内容和程序结束 3 部分组成，如图 2-14 所示。程序的内容由若干程序段组成，一个程序段由程序段号和若干个"字"组成，一个"字"由地址符和数字组成。

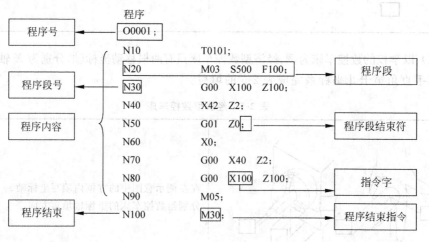

图 2-14　程序的一般结构

1. 程序号和程序结束

程序号在程序的最前端，由地址码和 1～9999 内的任意数字组成。华中世纪星数控装置的程序起始符为％(或 O)符，其后跟程序号。程序结束为 M02 或 M30。

2. 指令字

程序的指令字是程序最基本的组成单元。一个指令字是由地址符(指令字符)和带符号(如定义尺寸的字)或不带符号(如准备功能字 G 代码)的数字数据组成的。程序段中不同的指令字符及其后续数值确定了每个指令字的含义。表 2-7 是华中数控系统所含有的各种指令字符的功能和含义。

表 2-7 指令字符一览表

机 能	地 址	意 义
零件程序号	％	程序编号：％0001～9999
程序段号	N	程序段编号：N0～4294967295
准备机能	G	指令动作方式(直线、圆弧等)G00～99
尺寸字	X,Y,Z	坐标轴的移动命令±99999.999
	A,B,C	
	U,V,W	
	R	圆弧的半径，固定循环的参数
	I,J,K	圆心相对于起点的坐标，固定循环的参数
进给速度	F	进给速度的指定：F0～36000
主轴机能	S	主轴旋转速度的指定：S0～9999
刀具机能	T	刀具号、刀具补偿号的指定：T0000～9999
辅助机能	M	机床侧开/关控制的指定：M0～99
补偿号	D	刀具半径补偿号的指定：00～99
暂停	P	暂停时间的指定：秒
程序号的指定	P	子程序号的指定：P0001～9999
重复次数	L	子程序的重复次数，固定循环的重复次数
参数	P,Q,R,U,W,I,K,C,A	车削复合循环参数
倒角控制	C,R,RL＝,RC＝	直线后倒角和圆弧后倒角参数

3. 程序段的格式和组成

一个程序段定义一个将由数控装置执行的指令行。程序段的格式定义了每个程序段中功能字的句法，如图 2-15 所示。

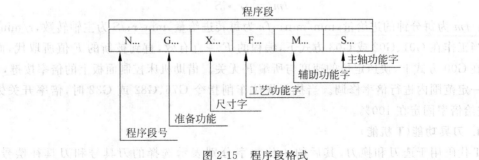

图 2-15 程序段格式

4. 程序的文件名

CNC 装置可以装入许多程序文件,以文件的方式读写。文件名格式为(有别于 DOS 的其他文件名):O××××(地址 O 后面必须有四位数字或字母),华中数控系统通过调用文件名来调用程序,进行加工或编辑。

二、华中数控系统的指令代码

1. 辅助功能 M 代码

辅助功能由地址字 M 和其后的一位或两位数字组成,主要用于控制零件程序的走向以及机床各种辅助功能的开关动作。M 功能有非模态 M 功能和模态 M 功能两种形式。非模态 M 功能(当段有效代码):只在书写了该代码的程序段中有效;模态 M 功能(续效代码):一组可相互注销的 M 功能,这些功能在被同一组的另一个功能注销前一直有效。模态 M 功能组中包含一个默认功能(如表 2-8 所示),系统上电时将被初始化为该功能。

表 2-8　M 代码及功能

代　码	模　态	功能说明	代　码	模　态	功能说明
M00	非模态	程序停止	M03	模态	主轴正转启动
M01	非模态	选择停止	M04	模态	主轴反转启动
M02	非模态	程序结束	M05	模态	主轴停止转动
M30	非模态	程序结束并返回程序起点	M07	模态	切削液打开
			M08	模态	切削液打开
M98	非模态	调用子程序	M09	模态	切削液停止
M99	非模态	子程序结束			

2. 主轴功能 S

主轴功能 S 控制主轴转速,其后的数值表示主轴速度,单位为转/每分钟(r/min)。恒线速度功能时 S 指定切削线速度,其后的数值单位为米/每分钟(m/min)(G96 恒线速度有效、G97 恒线速度、G46 极限转速限定)。S 是模态指令,S 功能只有在主轴速度可调节时有效。S 所编程的主轴转速可以借助机床控制面板上的主轴倍率开关进行修调。

3. 进给速度 F

F 指令表示工件被加工时刀具相对于工件的合成进给速度,F 的单位取决于 G94(每分钟进给量 mm/min)或 G95(主轴每转一转刀具的进给量 mm/r)。使用下式可以实现每转进给量与每分钟进给量的转化。

$$fm = fr \cdot S$$

式中:fm 为每分钟的进给量,mm/min;fr 为每转进给量,mm/r;S 为主轴转数,r/min。

当工作在 G01、G02 或 G03 方式下,编程的 F 一直有效,直到被新的 F 值所取代,而工作在 G00 方式下,快速定位的速度与所编 F 无关。借助机床控制面板上的倍率按键,F 可在一定范围内进行倍率修调。当执行螺纹车削指令 G76、G82 或 G32 时,倍率开关失效,进给倍率固定在 100%。

4. 刀具功能(T 机能)

T 代码用于选刀和换刀,其后的 4 位数字分别表示选择的刀具号和刀具补偿号。

4位数字中前两位数字表示为刀具号,后两位数字表示为刀具补偿号。T代码与刀具的关系是由机床制造厂规定的,请参考机床厂家的说明书。

例如,T0102。其中01表示刀具号,02表示刀具补偿号。

同一把刀可以对应多个刀具补偿,比如T0101、T0102、T0103。也可以多把刀对应一个刀具补偿,比如T0101、T0201、T0301。执行T指令,转动转塔刀架,选用指定的刀具,同时调入刀补寄存器中的补偿值(刀具的几何补偿值即偏置补偿与磨损补偿之和)。执行T指令时并不立即产生刀具移动动作,而是当后面有移动指令时一并执行。当一个程序段同时包含T代码与刀具移动指令时应先执行T代码指令,而后执行刀具移动指令。

5. 准备功能G代码

准备功能G指令由G后一位或两位数字组成,它用来规定刀具和工件的相对运动轨迹、机床坐标系、坐标平面、刀具补偿、坐标偏置等多种加工操作。G功能根据功能的不同分成若干组,其中00组的G功能称非模态G功能,其余组的称模态G功能。非模态G功能:只在所规定的程序段中有效,程序段结束时被注销;模态G功能:一组可相互注销的G功能,这些功能一旦被执行,则一直有效,直到被同一组的G功能注销为止。模态G功能组中包含一个默认G功能,上电时将被初始化为该功能。不同组G代码可以放在同一程序段中,而且与顺序无关。华中数控车床数控系统装置常用G功能指令见表2-9所示。

表2-9 常用准备功能G代码一览表

G代码	组	功 能	参数(后续地址字)
G00	01	快速定位	X,Z
G01		直线插补	
G02		顺圆插补	X,Z,I,K,R
G03		逆圆插补	
G04	00	暂停	P
G32	01	螺纹切削	X,Z,R,E,P,F,I
G34		攻丝切削	
G36	17	直径编程	
G37		半径编程	
G40	09	刀具半径补偿取消	T
G41		左刀补	
G42		右刀补	
G71	06	外径/内径车削复合循环	X,Z,U,W,C,P,Q,R,E
G72		端面车削复合循环	
G73		闭环车削复合循环	
G76		螺纹切削复合循环	
G80		外径/内径车削固定循环	
G81		端面车削固定循环	
G82		螺纹切削固定循环	
G90	13	绝对编程	
G91		相对编程	
G94	14	每分钟进给	
G95		每转进给	
G96	16	恒线速度切削	S
G97			

任务实施

（1）图 2-16 是数控程序的最基本的结构，请完成对程序各个部分名称的填写。

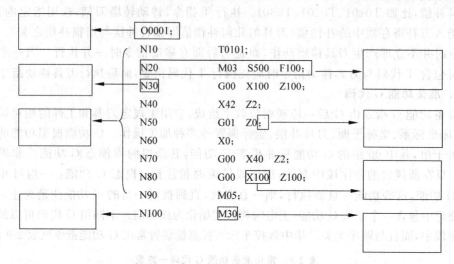

图 2-16 数控程序基本结构

（2）指出下列程序结构图的每一项内容的名称。

N…	G…	X…	F…	M…	S…

↑ ↑ ↑ ↑ ↑ ↑

_____ _____ _____ _____ _____ _____

（3）表 2-10 是华中数控系统所含有的各种指令字符，请填写各指令字符的功能名称和含义。

表 2-10 华中数控系统指令字符

功 能 名 称	地 址 符	意 义
	O	
	N	
	G	
	X,Y,Z	
	A,B,C	
	U,V,W	
	R	
	I,J,K	
	F	
	S	
	T	

续表

功　能　名　称	地　址　符	意　　　义
	M	
	P，X	
	O	
	L	
	P，Q，R，U，W，I，K，C，A	

(4) 华中数控系统的程序起始符为：_____，后边跟_____。程序结束时用：_____或者_____指令。CNC 装置可以装入许多程序文件，以磁盘文件方式读写。文件名格式为_____，(O 后边必须有 4 位_____或_____)，华中系统通过调用文件名来调用程序，进行编辑和加工。

(5) 辅助功能 M 代码由地址字_____和其后的一位或两位_____所组成，主要用于控制车床开/关功能的指令，用于完成加工的辅助动作，完成表 2-11 的填写。

表 2-11　常用 M 代码及功能

代码	模态	功能说明	代码	模态	功能说明
M03	模态		M30	非模态	
M04	模态		M98	非模态	
M05	模态		M99	非模态	

(6) 主轴功能 S 控制_____，S 后面数字表示_____，单位是_____。G96 表示_____，G97 表示_____。

(7) 进给速度 F 表示工件被加工时刀具相对于工件的_____，F 的单位取决于所采用进给速度计量单位，其中 G94 表示_____，单位是_____。G95 表示_____，单位是_____。

(8) T 代码用于数控车床上选择刀具，T 后边跟随 4 个数字，其中前两位表示_____，后两位数字表示_____。

(9) 填写表 2-12 华中数控系统 G 功能指令的功能和参数(后续地址字)。

表 2-12　华中世纪星 HNC-21T 的 G 功能指令(常用)

G 代码	功　　能	参数(后续地址字)
G00		
G01		
G02		
G03		
G71		
G76		
G82		
G94		

（10）请根据图 2-17 所示的零件图，完成表 2-13 中的程序内容，并绘制出基本的走刀路线。

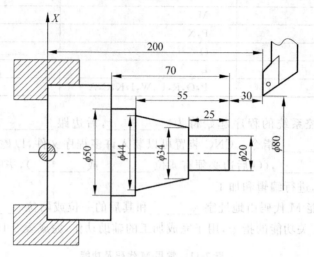

图 2-17 零件图

表 2-13 程序内容

程 序 段	说 明
N10 G92 X100 Z10	设立坐标系，定义对刀点的位置
N20 G00 X20 Z2	移到外圆延长线，Z 轴 2mm 处
N30 （ ） S600	主轴正转每分钟 600 转
N40 G01 Z-25 （ ）	加工 ϕ20mm 外圆，长 25mm，进给速度每分钟 0.2mm
N50 X34	加工圆锥部分右侧断面
N60 X44 （ ）	加工圆锥部分
N70 （ ）；	加工 ϕ44mm 外圆，长 15mm
N80 X60	退刀至 ϕ80mm 处
N90 G00 （ ） Z30	返回对刀点
N100 （ ）	主轴停止
N110 M30	程序结束并复位返回程序头

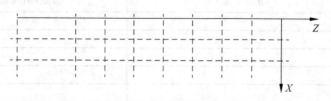

（11）程序的信息分析，根据表 2-14 的数控车削加工程序，完成程序分析表 2-15 的填写。

表 2-14 数控车削加工程序

O0001	N8 G01 Z-40
‰1234	N9 X60 Z-60
N1 T0101 G90 G95	N10 Z-80
N2 M03 S600	N11 X65
N3 M08	N12 G00 X100 Z100
N4 G00 X30 Z2	N13 M09
N5 G01 Z-20 F0.2	N14 M05
N6 G01 X40	N15 M30
N7 G03 X50 Z-25 R5	

表 2-15 程序分析

序号	项 目	解 释	教师评分
1	该程序的程序名：		
2	该程序的程序号：		
3	该程序包含有几个程序段：		
4	程序段"N1 T0101 G90 G95"中含有几个指令字：		
5	程序段"N5 G01 Z-20 F0.2"中的 G 是什么功能字：		
6	程序段"N12 G00 X100 Z100"中有几个尺寸字：		
7	该程序的结束符：		

任务三 数控车床加工工艺

学习目标

（1）学会确定数控车削加工方案；
（2）学会选择数控车削刀具。

知识链接

一、确定加工方案的原则

加工方案又称工艺方案，数控机床的加工方案包括制订工序、工步及走刀路线等内容。在数控机床加工过程中，由于加工对象复杂多样，特别是轮廓曲线的形状及位置千变万化，加上材料不同、批量不同等多方面因素的影响，在对具体零件制订加工方案时，应该进行具体分析和区别对待，灵活处理。只有这样，才能使所制订的加工方案合理，从而达到质量优、效率高和成本低的目的。

制订加工方案的一般原则为：先粗后精，先近后远，先内后外，程序段最少，走刀路线最短以及特殊情况特殊处理。

1. 先粗后精

为了提高生产效率并保证零件的精加工质量,在切削加工时,应先安排粗加工工序,在较短的时间内,将精加工前大量的加工余量去掉,同时尽量满足精加工的余量均匀性要求。

当粗加工工序安排完后,应接着安排换刀后进行的半精加工和精加工。其中,安排半精加工的目的是当粗加工后所留余量的均匀性满足不了精加工要求时,则可安排半精加工作为过渡性工序,以便使精加工余量小而均匀。

在安排可以一刀或多刀进行的精加工工序时,其零件的最终轮廓应由最后一刀连续加工而成。这时,加工刀具的进退刀位置要考虑妥当,尽量不要在连续的轮廓中安排切入和切出或换刀及停顿,以免因切削力突然变化而造成弹性变形,致使光滑连接轮廓上产生表面划伤、形状突变或滞留刀痕等疵病。

2. 先近后远

这里所说的远与近是按加工部位相对于对刀点的距离大小而言的。在一般情况下,特别是在粗加工时,通常安排离对刀点近的部位先加工,离对刀点远的部位后加工,以便缩短刀具移动距离,减少空行程时间。对于车削加工,先近后远有利于保持毛坯件或半成品件的刚性,改善其切削条件。

3. 先内后外

对既要加工内表面(内型、腔),又要加工外表面的零件,在制订其加工方案时,通常应安排先加工内型和内腔,后加工外表面。这是因为控制内表面的尺寸和形状较困难,刀具刚性相应较差,刀尖(刃)的耐用度易受切削热影响而降低,以及在加工中清除切屑较困难等。

4. 走刀路线最短

因精加工切削过程的走刀路线基本上都是沿其零件轮廓顺序进行的,确定走刀路线的工作重点是确定粗加工及空行程的走刀路线。

走刀路线泛指刀具从对刀点(或机床固定原点)开始运动,直至返回该点并结束加工程序所经过的路径,包括切削加工的路径及刀具引入、切出等非切削空行程。

在保证加工质量的前提下,使加工程序具有最短的走刀路线,不仅可以节省整个加工过程的执行时间,还能减少一些不必要的刀具消耗及机床进给机构滑动部件的磨损等。

优化工艺方案除了依靠大量的实践经验外,还应善于分析,必要时可辅以一些简单计算。上述原则并不是一成不变的,对于某些特殊情况,则需要采取灵活可变的方案。如有的工件就必须先精加工后粗加工,才能保证其加工精度与质量。这些都有赖于编程者实际加工经验的不断积累。

二、数控车削加工工序的划分

加工工序规划是对整个工艺过程而言的,不能以某一工序的性质和某一表面的加工判断。例如,有些定位基准面,在半精加工阶段甚至在粗加工阶段中就需加工得很准确。有时为了避免尺寸链换算,在精加工阶段中,也可以安排某些次要表面的半精加工。

当确定了零件表面的加工方法和加工阶段后,就可以将同一加工阶段中各表面的加工组合成若干个工步。

1. 加工工序划分的方法

在数控机床上加工的零件，一般按工序集中的原则划分工序，划分的方法有以下几种。

1）按所使用刀具划分

以同一把刀具完成的工艺过程作为一道工序，这种划分方法适用于工件的待加工表面较多的情形。加工中心常采用这种方法。

2）按工件安装次数划分

以零件一次装夹能够完成的工艺过程作为一道工序。这种方法适合于加工内容不多的零件，在保证零件加工质量的前提下，一次装夹完成全部的加工内容。

3）按粗精加工划分

将粗加工中完成的那一部分工艺过程作为一道工序，将精加工中完成的那一部分工艺过程作为另一道工序。这种划分方法适用于零件有强度和硬度要求，需要进行热处理或零件精度要求较高，需要有效去除内应力以及零件加工后变形较大，需要按粗、精加工阶段进行划分的零件加工。

4）按加工部位划分

将完成相同型面的那一部分工艺过程作为一道工序。对于加工表面多而且比较复杂的零件，应合理安排数控加工、热处理和辅助工序的顺序，并解决工序间的衔接问题。

2. 加工工序划分的原则

零件是由多个表面构成的，这些表面有自己的精度要求，各表面之间也有相应的精度要求。为了达到零件的设计精度要求，加工顺序安排应遵循一定的原则。

1）先粗后精的原则

各表面的加工顺序按照粗加工、半精加工、精加工和光整加工的顺序进行，目的是逐步提高零件加工表面的精度和表面质量。

如果零件的全部表面均由数控机床加工，工序安排一般按粗加工、半精加工、精加工的顺序进行，即粗加工全部完成后再进行半精加工和精加工。粗加工时可快速去除大部分加工余量，再依次精加工各个表面，这样可提高生产效率，又可保证零件的加工精度和表面粗糙度。该方法适用于位置精度要求较高的加工表面。

对于精度要求较高的加工表面，在粗、精加工工序之间，零件最好搁置一段时间，使粗加工后的零件表面应力得到完全释放，减小零件表面的应力变形程度，这样有利于提高零件的加工精度。

2）基准面先加工原则

加工一开始，总是把用作精加工基准的表面加工出来，因为定位基准的表面精确，装夹误差就小，所以任何零件的加工过程，总是先对定位基准面进行粗加工和半精加工，必要时还要进行精加工。例如，轴类零件总是对定位基准面进行粗加工和半精加工，再进行精加工。例如，轴类零件总是先加工中心孔，再以中心孔面和定位孔为精基准加工孔系和其他表面。如果精基准面不只一个，则应该按照基准转换的顺序和逐步提高加工精度的原则安排基准面的加工。

3）先面后孔原则

对于箱体类、支架类、机体类等零件，平面轮廓尺寸较大，用平面定位比较稳定可靠，故应先加工平面，后加工孔。这样，不仅使后续的加工有一个稳定可靠的平面作为定位基准面，而且在平整的表面上加工孔，加工变得容易一些，也有利于提高孔的加工精度。通常，可按零件的加工部位划分工序，一般先加工简单的几何形状，后加工复杂的几何形状；先加工精度较低的部位，后加工精度较高的部位；先加工平面，后加工孔。

4）先内后外原则

对于精密套筒，其外圆与孔的同轴度要求较高，一般采用先孔后外圆的原则，即先以外圆作为定位基准加工孔，再以精度较高的孔作为定位基准加工外圆，这样可以保证外圆和孔之间具有较高的同轴度要求，而且使用的夹具结构也很简单。

5）减少换刀次数的原则

在数控加工中，应尽可能按刀具进入加工位置的顺序安排加工顺序，这就要求在不影响加工精度的前提下，尽量减少换刀次数，减少空行程，节省辅助时间。零件装夹后，尽可能使用同一把刀具完成较多的加工表面。当一把刀具完成可能加工的所有部位后，尽量为下道工序做些预加工，然后再换刀完成精加工或加工其他部位。对于一些不重要的部位，尽可能使用同一把刀具完成同一个工位的多道工序的加工。

6）连续加工的原则

在加工半封闭或封闭的内外轮廓时，应尽量避免数控加工中的停顿现象。由于零件、刀具、机床这一工艺系统在加工过程中暂时处于动态的平衡状态下，若设备由于数控程序安排出现突然进给停顿的现象，由于切削力会明显减少，就会失去原工艺系统的稳定状态，使刀具在停顿处留下划痕或凹痕。因此，在轮廓加工中应避免进给停顿的现象，以保证零件的加工质量。

 任务实施

（1）数控车削加工工艺方案的主要内容包括_____、_____、_____。

（2）分析零件图样时主要分析_____、_____、_____3个内容。

（3）切削用量的三要素是_____、_____、_____。

（4）制订加工方案的一般原则为：_____。

（5）先粗后精的原则是各表面的加工顺序按照_____、_____、_____和_____的顺序进行。

（6）数控车床有着很强的加工能力，主要加工具有回转体表面的各种零件，判断表2-16中的零件是否适合数控车削加工？

（7）零件的正常加工需要将零件装夹和固定在车床上，其中固定即定位，是指让零件在机床的位置不发生变化，而夹紧是指将工件固定不动。数控车床常用的装夹方式如表2-17所示，请分别指出图中所示装夹方式。

表 2-16 零件判断

表 2-17 装夹方式

（8）根据图 2-18 的零件图，编制表 2-18 的数控加工工艺方案卡片、表 2-19 的数控加工刀具卡片和表 2-20 的数控加工程序卡片。

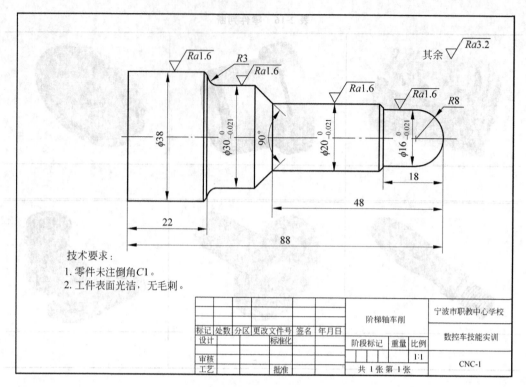

技术要求：
1. 零件未注倒角C1。
2. 工件表面光洁，无毛刺。

标记	处数	分区	更改文件号	签名	年月日	阶梯轴车削	宁波市职教中心学校
设计			标准化				数控车技能实训
审核						阶段标记 重量 比例	
工艺			批准			1:1	CNC-1
						共 1 张 第 1 张	

图 2-18 零件图

表 2-18 数控加工工艺方案卡片

实训项目		零件图号		系统		材料	
装夹定位简图							
程序名称		G 功能	T 刀具	切削用量			
				转速 $S/(r/min)$	进给速度 $F/(mm/r)$	背吃刀量 a_P/mm	
工序号	工步	工步内容					

表 2-19 数控加工刀具卡片

实训项目		零件名称				零件图号	
序号	刀具号	刀具名称	刀片规格	数量	加工表面	数量	备注
1							
2							
3							
编制		审核				批准	

表 2-20 数控加工程序卡片

程序号		
程序段号	程序内容	说明注释
N10		
N20		
N30		
N40		
N50		
N60		
N70		
N80		
N90		
N100		

 知识链接

对刀是数控加工中的主要操作和重要技能。在一定条件下，对刀的精度可以决定零件的加工精度，同时，对刀效率还直接影响数控加工效率。

一、对刀

一般来说，零件的数控加工编程和上机床加工是分开进行的。数控编程员根据零件的设计图纸，选定一个方便编程的坐标系及其原点，称为程序坐标系和程序原点。程序原点一般与零件的工艺基准或设计基准重合，因此又称作工件原点。

数控车床通电后，须进行回零（参考点）操作，其目的是建立数控车床进行位置测量、控制、显示的统一基准，该点就是所谓的机床原点，它的位置由机床位置传感器决定。由于机床回零后，刀具（刀尖）的位置距离机床原点是固定不变的，因此，为便于对刀和加工，可将机床回零后刀尖的位置看作机床原点。

在图 2-19 中，O 是程序原点，O' 是机床回零后以刀尖位置为参照的机床原点。

编程员按程序坐标系中的坐标数据编制刀具（刀尖）的运行轨迹。由于刀尖的初始位置（机床原点）与程序原点存在 X 向偏移距离和 Z 向偏移距离，使得实际的刀尖位置与程序指令的位置有同样的偏移距离，因此，须将该距离测量出来并设置数控系统，使系统据此调整刀尖的运动轨迹。

对刀，其实质就是测量程序原点与机床原点之间的偏移距离并设置程序原点在以刀尖为参照的机床坐标系里的坐标。

二、试切对刀原理

对刀的方法有很多种，按对刀的精度可分为粗略对刀和精确对刀；按是否采用对刀仪可分为手动对刀和自动对刀；按是否采用基准刀，又可分为绝对对刀和相对对刀等。但无论采用哪种对刀方式，都离不开试切对刀，试切对刀是最基本的对刀方法。以图 2-20 为例，试切对刀步骤如下。

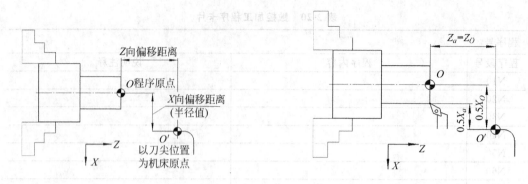

图 2-19   程序原点和机床原点   图 2-20   数控车削试切对刀

（1）在手动操作方式下，用所选刀具在加工余量范围内试切工件外圆，记下此时显示屏中的 X 坐标值，记为 X_a（注意，数控车床显示和编程的 X 坐标一般为直径值）。

（2）将刀具在加工余量范围内试切削端面，记录此时显示屏中的 Z 坐标值，记为 Z_a。

（3）测量试切后的工件外圆直径，记为 ϕ。如果程序原点 O 设在工件端面（一般必须是已经精加工完毕的端面）与回转中心的交点，则程序原点 O 在机床坐标系中的坐标为：

$$X_O = X_a - \phi$$
$$Z_O = Z_a$$

注意：公式中的坐标值均为负值。

（4）将 X_O、Z_O 设置进数控系统即完成对刀设置。

从理论上说，上述通过试切、测量、计算得到的对刀数据应是准确的，但实际上由于机床的定位精度、重复精度、操作方式等多种因素的影响，使得手动试切对刀的对刀精度是有限的，因此还须精确对刀。

精确对刀，是在零件加工余量范围内设计简单的自动试切程序，通过"自动试切→测量→误差补偿"的思路，反复修调偏移量、基准刀的程序起点位置和非基准刀的力偏置，使程序加工指令值与实际测量值的误差达到精度要求。由于保证基准刀程序起点处于精确位置是得到准确的非基准刀刀偏置的前提，因此一般修正了前者后再修正后者。

记：

$$\delta = 理论值（程序指令值） - 实际值（测量值）$$

则精确对刀偏移量的修正公式为：

$$X_{O_2} = X_{O_1} + \delta_x$$
$$Z_{O_2} = Z_{O_1} - \delta_z$$

注意：δ 值有正负号。

例如，用指令试切一直径 40mm、长度为 50mm 的轴，如果测得的直径和长度分别为 $\phi40.25$mm 和 $\phi49.85$mm，则该刀具在 X、Z 向的偏移坐标分别要加上 -0.25 和 -0.15，也可以保持原刀偏值不变，而将误差加到磨损栏。

任务实施

（1）请根据图 2-21 所示的工件坐标位置，在机床上通过对刀操作建立加工坐标系，并检验结果是否正确。

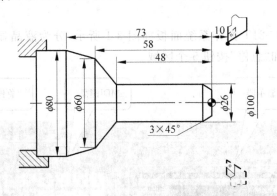

图 2-21 工件坐标

（2）试切外圆时，测得直径是 X _____，此时在 MDI 方式下输入_____，按循环启动键可完成_____轴对刀。检查对刀结果时，输入检验位置是 X _____，Z _____。最后检验结果是：□正确，□不正确。如果不正确，是何原因：_____。处理方法是：_____。考虑以上所述的试切法对刀原理，以下练习结合上述公式建议改为：_____。

（3）用所选刀具在加工余量范围内试切工件外圆时，测得被车削外圆的直径为_____，此时 X 机械坐标的数值为 X_a 为_____，那么可以得出 X_0 的数值为_____。刀具在加工余量范围内试切削端面，此时 Z 的机械坐标值 Z_a 为_____，可以得出 Z_0 的数值为_____。将 X_0、Z_0 设置进数控系统即完成对刀设置。

（4）在完成对刀操作后，检查对刀结果时，在 MDI 方式下输入_____，按循环启动按键，可以完成对已设坐标系的激活，输入检验位置 X _____，Z _____，做机床位置定位。

最后的检验结果是：□正确，□不正确。如果不正确，是何原因：_____。处理方法是：_____。

项目三 数控车床基本操作

任务一 华中 HNC-21T 系统的操作面板

学习目标

（1）熟悉 HNC-21T 系统面板各模块；

（2）学会在操作面板上进行各项操作。

知识链接

华中世纪星 HNC-21T 是武汉华中数控股份有限公司研制的经济型高性能数控装置，具有开放性好、结构紧凑、集成度高、可靠性好、性能价格比高、操作维护方便的特点。

华中世纪星 HNC-21T 操作系统面板如图 3-1 所示，分为液晶显示器、MDI 键盘、功能键、机床控制面板和"急停"按钮 5 个区域。

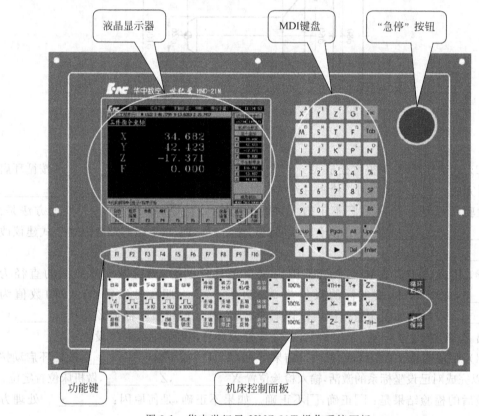

图 3-1　华中世纪星 HNC-21T 操作系统面板

液晶显示器是人机对话的窗口；MDI 键盘由字母键、数字键、编辑键、光标键等组成，实现 MDI 输入；机床操作面板由监控灯和倍率键、启键、停键、超程解除键等组成，对机床和数控系统的运行模式进行设置和监控；功能键由 F1～F10 组成，是华中数控系统的菜单键；"急停"按钮实现对机床和数控系统的紧急干预。

1. 机床控制面板

机床控制面板如图 3-2 所示。

2. 软件操作界面

HNC-21T 的软件操作界面如图 3-3 所示，其界面由如下几个部分组成。

（1）图形显示窗口：可以根据需要用功能键 F9 设置窗口的显示内容。

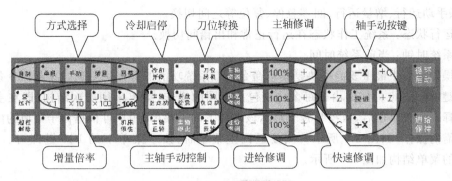

图 3-2 机床控制面板

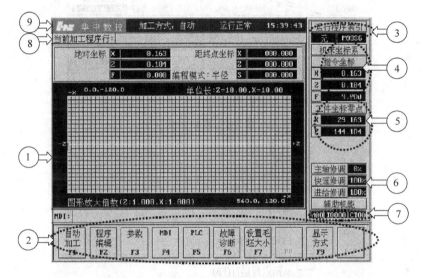

图 3-3 HNC-21T 的软件操作界面

（2）菜单命令条：通过菜单命令条中的功能键 F1～F10 完成系统功能的操作。

（3）运行程序索引：自动加工中的程序名和当前程序段行号。

（4）选定坐标系下的坐标值：坐标系可在机床坐标系、工件坐标系、相对坐标系之间切换。显示值可在指令位置、实际位置、剩余进给、跟踪误差、负载电流、补偿值之间切换（负载电流只对Ⅱ型伺服有效）。

（5）工件坐标零点：工件坐标系零点在机床坐标系下的坐标。

（6）倍率修调含以下内容。

主轴修调：当前主轴修调倍率。

进给修调：当前进给修调倍率。

快速修调：当前快进修调倍率。

（7）辅助机能：自动加工中的 M、S、T 代码。

（8）当前加工程序行：当前正在或将要加工的程序段。

（9）当前加工方式系统运行状态及当前时间的内容如下。

工作方式：系统工作方式根据机床控制面板上相应按键的状态可在自动运行、单段运行、手动运行、增量运行、回零急停、复位等之间切换。

运行状态：系统工作状态在运行正常和出错间切换。

系统时钟：当前系统时间。

操作界面中最重要的一块是菜单命令条。系统功能的操作主要通过菜单命令条中的功能键 F1～F10 完成。由于每个功能包括不同的操作，菜单采用层次结构，即在主菜单下选择一个菜单项后，数控装置会显示该功能下的子菜单，用户可根据该子菜单的内容选择所需的操作，如图 3-4 所示。当要返回主菜单时，按子菜单下的 F10 键即可。HNC-21T 的菜单结构如图 3-5 所示。

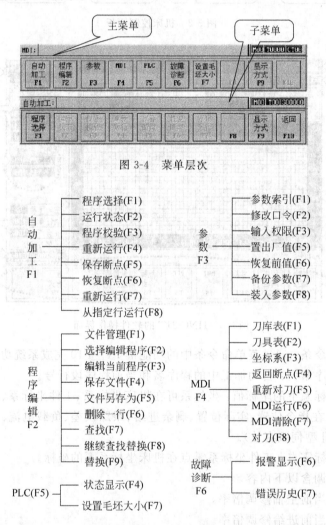

图 3-4 菜单层次

图 3-5 HNC-21T 的菜单结构

3. MDI 键盘操作界面

HNC-21T 系统提供了全数字化的按键键盘，用于系统参数和程序编制的输入，如图 3-6 所示。

（1）Esc 键：按此键可取消当前系统界面中的操作。

（2）Tab 键：按此键可跳转到下一个选项。

（3）SP 键：按此键光标向后移并空一格。

（4）BS 键：按此键光标向前移并删除前面字符。

（5）Upper 键：上档键。按下此键后，上档功能有效，这时可输入"字母"键与"数字"键右上角的小字符。

（6）Enter 键：回车键，按此键可确认当前操作。

（7）Alt 键：替换键，也可与其他字母键组成快捷键。

（8）Del 键：按此键可删除当前字符。

（9）PgDn 键与 PgUp 键：向后翻页与向前翻页。

（10）▲键、▼键、◀键与▶键：按这 4 个键可分别使光标上、下、左、右移动。

（11）"字母"键、"数字"键和"符号"键：按这些键可输入字母、数字以及其他字符，其中一些字符需要配合 Upper 键才能被输入。

图 3-6　MDI 键盘操作界面

任务实施

（1）请指出图 3-7 所示华中世纪星 HNC-21T 操作系统面板中各个框选区域的名称。

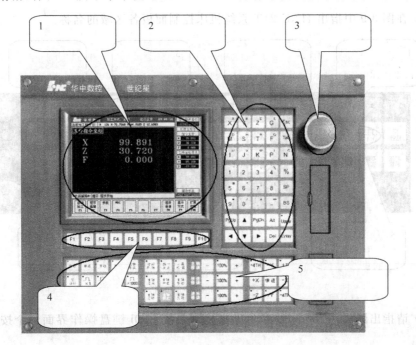

图 3-7　操作系统面板

(2) 图 3-8 是华中数控世纪星 HNC-21T 型控制系统显示界面，上边有很多不同的显示区域，请指出各个框选区域的名称。

1 _____ 2 _____ 3 _____ 4 _____ 5 _____ 6 _____

7 _____ 8 _____

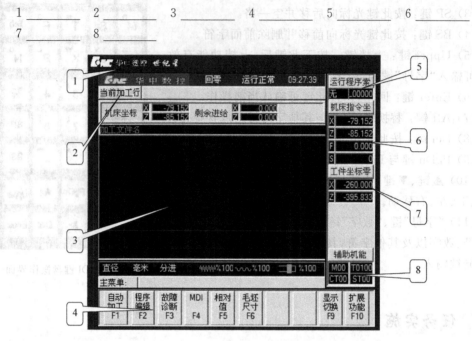

图 3-8　控制系统显示界面

(3) 在图 3-9 中指出 HNC-21T 系统机床控制面板各区域的名称。

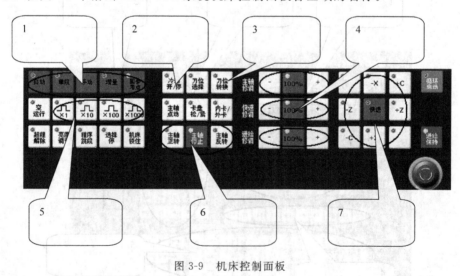

图 3-9　机床控制面板

(4) 请指出图 3-10 所示 HNC-21T 型控制系统 MDI 键盘操作界面各个按键区域的名称。

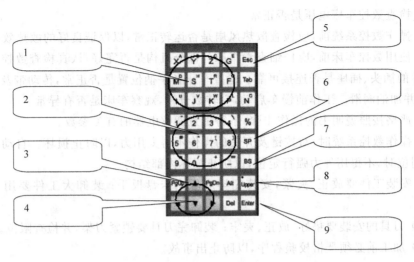

图 3-10 MDI 键盘操作界面

任务二 CAK4085si 数控车床基本操作

 学习目标

（1）牢记并遵守数控车床安全操作规程；

（2）了解数控车床简单的维护知识；

（3）掌握数控车床的开机与关机的正确方法和程序；

（4）掌握数控车床主轴的开、关和转速控制的操作方法。

知识链接

数控车床是一种高精度、高效率、高价格的机电一体化设备。每一个操作者都应该做到安全操作，并做好日常维护工作。

一、数控车床安全操作规程

数控车床的安全操作规程是保证机床安全、高效运行的重要措施之一。每一位操作者在进行数控车床操作前，必须牢记数控车床安全操作规程，时刻把安全放在第一位。数控车床的安全操作规程包括基本操作规程和生产实施操作规程两类。

1. 基本操作规程

（1）进入数控实习现场后，应服从安排，听从指挥，不得擅自启动或操作数控系统及车床。

（2）不得在实习现场嬉戏、打闹及进行任何与实习无关的活动，以保证实习正常、有序地进行。

（3）检查各种安全防护装置是否齐全、有效，加工前关好防护罩。

（4）检查数控车床电压是否正常。

（5）操作数控系统前，应检查散热风扇是否运转正常，以保证良好的散热效果。

（6）使用数控车床前，应仔细查看车床各部分机构是否完好，认真检查数控系统及各电器附件的插头、插座是否连接可靠。检查车床各手柄位置是否正常，传动带及防护罩是否装好，并加油润滑。工作前慢车启动，空转数分钟，观察车床是否有异常。

（7）严格按照说明书的操作步骤，不得随意调整电器的有关参数。

（8）操作数控系统时，对按键及开关的操作不得太用力，以防止损坏。自动转位刀架未回转到位时，不得用外力强行定位，以防止损坏内部结构。

（9）安装工件要放正、夹紧，安装完毕应取出卡盘扳手；装卸大工件要用木板保护床面。

（10）刀具的安装要垫好、放正、夹牢；装卸完刀具要锁紧刀架，并检查限位。

（11）加工前必须严格校验程序，以防止出事故。

（12）机床正常运行时，不允许随意开、关电气柜及数控系统"门"。

（13）不要轻易按动复位键，以免因数据丢失而造成操作失误。

（14）非特殊或紧急情况，禁止按动"急停"按钮，以避免发生连带事故。

（15）戴好防护眼镜，工作服要扎好袖口，头发过长应卷入工作帽中，不准戴手套及穿凉鞋工作。

（16）开车后，不能随意改变主轴转速；不能打开车床防护门；不能量度尺寸和触摸工件。切削加工时要精力集中，并要防止各部件的碰撞。

2．生产实施操作规程

（1）数控车床通电后，检查各开关、按钮是否正常。

（2）让数控车床空转 15min 左右，使机床达到热平衡状态。

（3）输入加工程序后，应空运行一次，观察程序能否顺利通过并无超程现象。

（4）检查刀具的安装是否符合加工工艺要求，并输入刀具补偿量。

（5）首件加工要认真对待。

（6）数控车床的加工虽属自动进行，但不属无人加工性质，仍然需要操作者监控下进行，操作者不允许随意离开岗位。

（7）若发生事故，应立即按下"急停"按钮并关闭电源，保护现场，及时报告以便分析原因，总结教训。

（8）加工完成后，清扫数控车床，将各坐标轴停在中间位置，关闭电源。

二、数控车床的日常维护

1．保证机床主体良好的润滑状态

定期检查、清洗自动润滑系统，保持导轨、丝杆等运动部位良好的润滑状态，以降低机械磨损，延长其使用寿命。

2．机械精度的检查、调整

定期对数控车床的换刀系统、反向间隙进行检查和调整，以保证数控车床的加工精度。

3. 重要部件的检查、清扫

对数控系统、自动输入装置及直流伺服电动机等重要部件,应定期进行必要的检查和清扫,及时消除其隐患。

4. 注意更换存储器用的电池

当从数控系统的显示器上显示出电池电压过低的信息或发生报警时,应在电源开启的情况下,及时或定期对该电池进行更换,并注意其正、负极性。

5. 对长期不用的数控车床应定期通电

当机床因故较长时期不用时,仍应定期给机床通电,对其数控系统最好每周通电1～2次,每次在锁定数控车床运动部件的情况下,空运行1小时左右。

 任务实施

(1)"7S"活动起源于日本,并在日本企业中广泛推行,它相当于我国企业开展的文明生产活动。现在学校里大力的推行7S管理制度,教室、办公室、实训车间等都在积极地实行。"7S"究竟是什么,请填写表3-1。

表3-1　7S的含义

	1S	
	2S	
	3S	
	4S	
	5S	
	6S	
	7S	

(2)在企业生产环境中,有很多细节方面需要注意,这些都通过了各种各样的安全提醒标志向人们说明。指出表3-2中的安全标志分别是什么?

表3-2　安全标志

续表

（3）请指出图 3-11 所示的操作习惯是否正确？在相应的□中打"√"。

实习着装整齐规范 □正确 □不正确	女操作者未戴安全帽 □正确 □不正确	加工时关闭防护门 □正确 □不正确	实习完成后打扫机床 □正确 □不正确

机床运行时开门查看 □正确 □不正确	实训后清扫地面卫生 □正确 □不正确	实训量具精心保养 □正确 □不正确	实训切屑定期清理 □正确 □不正确

图 3-11 操作习惯

 知识链接

以 CAK4085si 华中世纪星 HNC-21T 数控车床为例熟悉零件加工的整个过程。零件加工的一般过程如图 3-12 所示。

图 3-12 零件加工的过程

一、上电、关机、急停

主要介绍机床数控装置的上电、关机、急停、复位、回参考点、超程解除等操作。

1. 上电

(1) 检查机床状态是否正常。

(2) 检查电源电压是否符合要求、接线是否正确。

(3) 按下"急停"按钮。

(4) 机床上电。

(5) 数控系统上电。

(6) 检查风扇电动机运转是否正常。

(7) 检查面板上的指示灯是否正常。

接通数控装置电源后，HNC-21T 自动运行系统软件工作方式为急停。

2. 复位

系统上电进入软件操作界面时，系统的工作方式为急停，为控制系统运行，需左旋并拔起操作台右上角的"急停"按钮，使系统复位并接通伺服电源，系统默认进入回参考点方式，软件操作界面的工作方式变为回零。

3. 返回机床参考点

控制机床运动的前提是建立机床坐标系，为此，系统接通电源、复位后首先应进行机床各轴回参考点，操作方法如下。

(1) 如果系统显示的当前工作方式不是回零方式，按一下控制面板上面的"回零"按键，确保系统处于回零方式。

(2) 根据 X 轴机床参数回参考点方向，按一下"+X"(回参考点方向为+)或"−X"(回参考点方向为−)按键，X 轴回到参考点后，"+X"或"−X"按键内的指示灯亮。

(3) 用同样的方法使用"+Z""−Z"按键，使 Z 轴回参考点。

所有轴回参考点后，即建立了机床坐标系。

注意：

① 在每次电源接通后，必须先完成各轴的返回参考点操作，然后再进入其他运行方式，以确保各轴坐标的正确性。

② 先按下 X 轴向选择按键，使 X 轴先返回参考点，再以相同方法使 Z 轴返回参考点。

③ 在回参考点前，应确保回零轴位于参考点的回参考点方向相反侧(如 X 轴的回参考点方向为负向侧，则回参考点前应保证 X 轴当前位置在参考点的正向侧)，否则应手动

移动该轴直到满足此条件。

④ 在回参考点过程中,若出现超程,请按住控制面板上的"超程解除"按键,向相反方向手动移动该轴使其退出超程状态。

4. 急停

机床运行过程中,在危险或紧急情况下,立即按下"急停"按钮,CNC 即进入急停状态,伺服进给及主轴运转立即停止工作(控制柜内的进给驱动电源被切断)。松开"急停"按钮(左旋此按钮,自动跳起),CNC 进入复位状态。

解除紧急停止前,先确认故障原因是否排除,且紧急停止解除后应重新执行回参考点操作,以确保坐标位置的正确性。

注意:在上电和关机之前应按下"急停"按钮,以减少设备电冲击。

5. 超程解除

在伺服轴行程的两端各有一个极限开关,作用是防止伺服机构碰撞而损坏。每当伺服机构碰到行程极限开关时,就会出现超程。当某轴出现超程("超程解除"按键内指示灯亮时),系统视其状况为紧急停止,要退出超程状态时,必须按以下步骤进行操作。

(1) 松开"急停"按钮,置工作方式为手动或手摇方式。

(2) 一直按压着"超程解除"按键(控制器会暂时忽略超程的紧急情况)。

(3) 在手动(手摇)方式下,使该轴向相反方向退出超程状态。

(4) 松开"超程解除"按键。

若显示屏上运行状态栏"运行正常"取代了"出错",表示恢复正常,可以继续操作。

注意:在操作机床退出超程状态时,请务必注意移动方向及移动速率,以免发生撞机。

6. 关机

(1) 按下控制面板上的"急停"按钮,断开伺服电源。

(2) 断开数控电源。

(3) 断开机床电源。

二、程序、手动、MDI

下面主要介绍机床数控装置的程序功能、手动操作功能和 MDI 操作等功能操作。

1. 程序功能

在华中世纪星 HNC-21T 数控车床系统中,提供了 F1 到 F10 10 个功能软件,在系统的不同界面单击相应的软件可以进入不同的显示界面。如在系统初始界面单击 F1 功能软件,就能进入程序功能界面,如图 3-13 所示。

1) 程序的选择

在程序功能界面内,按"选择程序 F1"键,进入程序存储,如图 3-14 所示。移动蓝色光标条至需要的程序上,单击操作面板上 Enter 键完成程序的选择。

注意:在 HNC-21T 系统操中选择程序时若在自动运行模式下,可以将调取的程序用于加工。其他模式下可以选择程序进行修改等编辑操作。

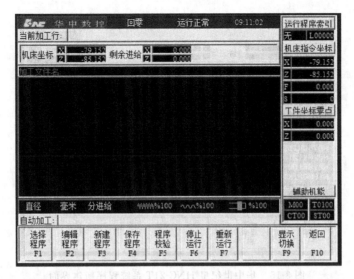

图 3-13 华中世纪星 HNC-21T 系统程序功能界面

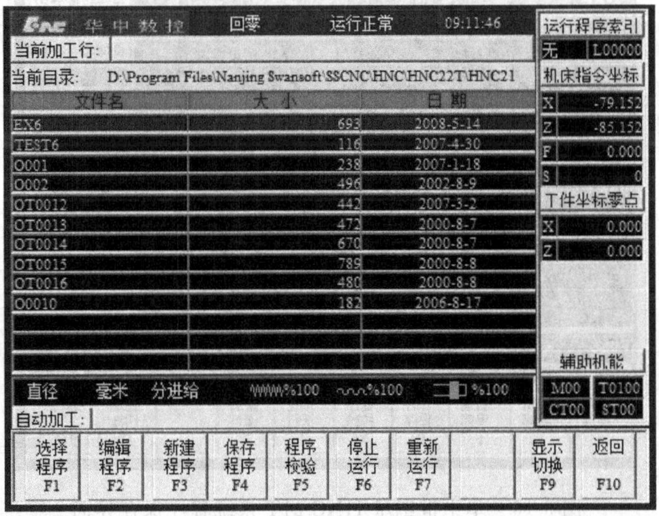

图 3-14 华中世纪星 HNC-21T 系统程序存储目录界面

2）程序的建立

在程序功能界面内，按"新建程序 F3"键，进入新建程序模式，在如图 3-15 所示的输入新文件名一栏中输入文件名 O0003，单击操作面板上 Enter 键完成程序的建立。

注意：在 HNC-21T 系统操中新建程序时输入的文件名需以字母 O 开头，后边跟若干字符。而该文件名非程序名，在进入程序编写界面后需新书写程序名称。

3）程序的保存

在程序编写界面内，在完成了对已有程序的修改或者新建程序的输入后，以新建的 O0003 号程序为例，如图 3-16 所示，按"保存程序 F4"键，再确认保存的内容和文件名后，单击操作面板上 Enter 键完成程序的保存。

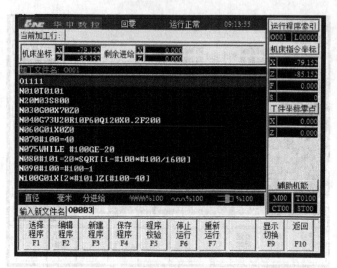

图 3-15 华中世纪星 HNC-21T 系统程序新建界面

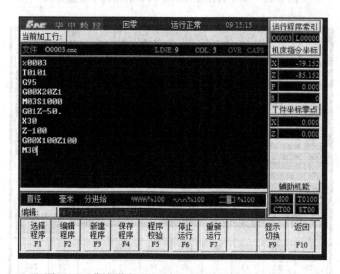

图 3-16 华中世纪星 HNC-21T 系统程序保存界面

注意：在 HNC-21T 系统操中保存程序时需确认文件名是否以字母 O 开头，否则程序将不能存储。临时存储器中的程序也会被新建立或调用的程序覆盖而丢失。

4）程序的删除

在程序功能界面内，按"选择程序 F1"键，进入程序存储，如图 3-16 所示。移动蓝色光标条至需要的程序上，单击操作面板上 DEL 按键，确认可完成程序的删除。

5）程序的校验

在程序编写后，执行自动运行前，往往需要对程序进行必要的安全校验。

首先通过选择程序功能选取目录中的程序，进入程序编辑模式，在选择自动运行功能后。锁住机床坐标轴，按"程序校验 F5"键，进入校验模式，启动程序后，机床自动运行进行程序的校验。如图 3-17 所示，螺纹车削程序的模拟效果。

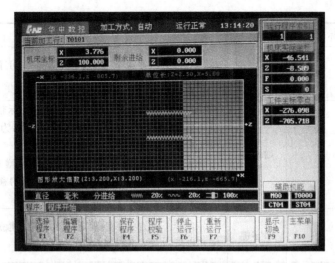

图 3-17　华中世纪星 HNC-21T 系统程序模拟界面

注意：在 HNC-21T 系统操中模拟程序时，系统通过不同颜色的线条表示机床不同的运动和轨迹。其中红色的线条表示 G00 快速定位轨迹线，黄色的线条表示正常切削加工的走刀轨迹线，而绿色的线条表示螺纹轮廓线条。

2. 手动功能

HNC-21T 数控系统的操作面板上，密密麻麻给操作者提供几十个操作按键，如图 3-18 所示。而这些按键是操作机床的关键，有着各种不同的操作功能，通过表 3-3 可以了解这些按键的名称和功能。

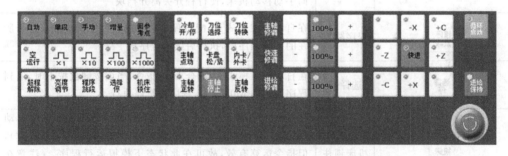

图 3-18　华中世纪星 HNC-21T 系统机床操作面板

表 3-3　各功能按键说明

功能键图标	功能名称	功　　能
自动	自动键	在"自动"工作方式下，可自动连续加工工件和模拟加工工件；在 MDI 模式下运行指令
单段	单段键	在"单段"工作方式下，按此键至单段运行指示灯亮，系统单段运行

续表

功能键图标	功能名称	功 能
手动	手动键	在"手动"工作方式下,通过机床操作键可手动换刀、手动移动机床各轴、主轴正反转
增量	增量键	在"增量"工作方式下,定量移动机床坐标轴,移动距离由倍率调整(当倍率为"×1"时,定量移动距离为 $1\mu m$。可以控制机床精确定位,但不间断); 在手摇工作方式下,当手持盒打开后,"增量"方式变为"手摇",倍率仍有效。可连续精确控制机床的移动。机床进给速度受操作者手动速度和倍率控制
回参考点	回零键	在"回零"工作方式下手动返回参考点,建立机床坐标系(机床开机后应首先进行回参考点操作)
空运行	空运行键	如程序选择了此功能,在"自动"工作方式下,按下该键后,机床以系统最大快移速度运行程序。使用时注意坐标系间的互相关系,避免发生碰撞
×1 ×10 ×100 ×1000	倍率选择	"增量"和"手摇"工作方式下有效。通过该类键选择定量移动的距离量
超程解除	解除超程	当机床超出安全行程时,行程开关撞到机床上的挡块,切断机床伺服强电,机床不能动作,起到保护作用。如要重新工作,需一直按下该键,接通伺服电源,同时在"手动"方式下,反向手动移动机床,使行程开关离开挡块
程序跳段	程序跳段	在自动加工模式下,配合程序段中的"/",用于跳过该符号所在的那段程序段,执行后续的程序段
选择停	选择停	在自动加工模式下,配合 M01 指令,当该按键被按下时,遇到程序段中的 M01 指令,程序将暂停执行
机床锁住	机床锁住	在"手动""手摇"工作方式下,按下该键后,机床的所有实际动作无效(不能手动、自动控制进给轴、主轴、冷却等实际动作),但指令运算有效,故可在此状态下模拟运行程序。(注意在自动、单段运行程序或回零过程中,锁住或打开该键都是无效的)
冷却开/停	冷却开/停	"手动"工作方式下,按下该键冷却泵开、解除则关
刀位选择 刀位转换	刀位选择 刀位转换	在"手动""增量""手摇"工作方式下,按下"刀位选择"键选择刀架刀位,再按"刀位转换"键,则将所选刀位转至加工位置
主轴点动	主轴点动	在"手动""增量""手摇"工作方式下,按下该键,主轴将瞬时低速正转;松开按键,主轴停止

功能键图标	功能名称	功　　能
主轴功能图标	主轴功能	在"手动""手摇"工作方式下，按下"正（反）转"键，主轴正（反）转；按下"停止"键，主轴停止转动，主轴的转速为默认转速
主轴修调图标	主轴修调	通过 3 个速度修调，对主轴转速进行修调
快速修调图标	快速修调	通过 3 个速度修调，对 G00 快移速度进行修调
进给修调图标	进给修调	通过 3 个速度修调，对工作进给或手动进给速度进行修调
轴选择图标	轴选择	在"手动""增量""回零"工作方式下，确定机床定量移动和坐标轴方向
循环启动图标	循环启动	在"自动""单段"工作方式下。按下该键后，机床可以自动加工或模拟加工。注意加工前应对刀正确。
进给保持图标	进给保持	"自动加工"过程中，按下该键后，机床上刀具相对工件的进给运行停止，但机床的主运动并不停止。再按下"循环启动"键后，继续运行下面的进给运动
紧急停止图标	紧急停止	在任何操作模式下，按下该键，机床将紧急切断机床电源，停止所有机床运行动作
手摇轮图标	手摇轮	在"手摇"模式下，结合所选择的机床坐标轴，可以控制坐标轴进行移动。移动的速度由手摇轮上的倍率旋钮切换选择×1、×10、×100 3 个速率

1）手动返回参考点

按下"回参考点"按钮，此时屏幕上方显示"回零"。再按下"手动轴向移动开关"，机床开始进行返回零点的过程，返回参考点后，参考点指示灯亮。

注意：手动返回参考点操作的具体注意事项见机床上电操作中返回参考点所述。

2）手动连续进给

按下"手动方式"按钮，进入手动操作方式，这是屏幕上方角显示"手动"。按下

"手动轴向移动开关",单击操作面板上的 [⁺ˣ] 按钮,X 轴向正方向移动,单击 [⁻ˣ],机床向 X 轴负方向移动;同理单击 [⁺ᶻ]、[⁻ᶻ],机床向 Z 轴正负方向移动。此时机床手动的速度由进给速率修调按钮 [进给 - 100% +] 进行调整控制。

按下"快速"按钮 [快进],进行开和关的切换,当开时,面板上对应的指示灯亮,手动以快速速度进给。此时机床的移动速度由快速修调按钮 [快速 - 100% +] 进行调整控制。

3)增量、手摇方式

单击按下"增量"按键 [增量],选择增量操作方式,这时屏幕上方显示"增量"。选择适当的移动单位:[×1][×10][×100][×1000],比如"×1"表示移动的增量单位为"0.001mm"。

选择好适当的移动量之后,单击 [⁺ˣ] 一次,机床向 X 轴正方向移动一个点动距离,单击 [⁻ˣ] 一次,机床向 X 轴负方向移动一个点动距离。单击 [⁺ᶻ]、[⁻ᶻ] 同理。

双击按下"增量"按键 [增量],选择手摇操作方式,这时屏幕上方显示"手摇"。选择适当的移单位:[×1][×10][×100][×1000],比如"×10"表示移动的增量单位为"0.01mm"。各个移动速度单位可以相互间切换。

选择好适当的移动单位之后,选择轴向按钮 [⁺ˣ]、[⁻ˣ] 或 [⁺ᶻ]、[⁻ᶻ],通过手摇轮 [手轮] 的顺时针旋转或逆时针旋转实现机床坐标轴向 X 轴或 Z 轴正负方向上移动。

4)手动辅助功能操作

手动换刀:在手动、手轮、单步方式下,按下 [刀位选择] 键,可以选择刀架上的刀位,按下 [刀位转换] 键,可以将选择的刀位转换至工作位置。

冷却开/停:在手动、手轮、单步方式下,按下 [冷却开/停] 键,进行"开—关—开"的切换。

主轴启停:在手动、手轮、单步方式下,按下 [主轴正转][主轴停止][主轴反转] 键,主轴进行"正转—停止—反转"的切换。

[主轴修调 - 100% +]、[快速修调 - 100% +]、[进给修调 - 100% +] 这 6 个键分别是主轴修调、快速进给修调和进给速度修调,可以通过增加和减少按键,实现对机床转速、快速进给和加工进给的实时调节。

3. MDI 方式

HNC-21T 数控系统提供了 MDI 手动数据输入功能,可以在 MDI 面板中输入一个程序指令或者一段简短的程序段,可以启动并执行该指令或程序段。

在系统初始界面单击 F3 功能软件,就能进入 MDI 功能界面,如图 3-19 所示。

从 MDI 面板上输入一个程序段指令,并可以执行该段程序。

例如,T0101 M03 S500。

(1)单击 F3 功能软件,进入 MDI 操作界面。

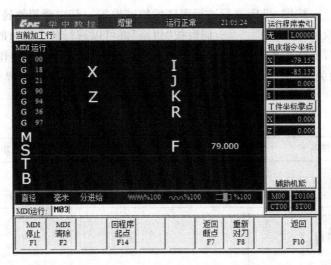

图 3-19　华中世纪星 HNC-21T 系统 MDI 操作界面

（2）输入"T0101"按 Enter 键，则"T0101"被输入至显示界面中。

（3）依次输入"M03"和"S500"指令字符，分别按 Enter 键输入至系统。

（4）按"循环启动"按键，则所输入的"T0101 M03 S500"将被启动，机床执行相应动作。

 任务实施

（1）数控车床有着严格的操作程序和要求，请在严格学习安全操作规程后，在老师的指导下完成机床的基本操作学习。

机床的开机操作过程是：_____。

机床的关机操作过程是：_____。

机床回零操作：机床控制系统在开机完成后，进入机床显示主界面，接着要进行机床回零操作，回零操作也可称为回参考点，回零一般先回_____轴后回_____轴的次序进行回零。

（2）程序操作模块。

① 程序的建立：按_____软键，进入_____模式，选择_____按钮，输入文件名按_____按键，可以完成新程序的建立。

② 程序的选择：按_____软键，进入_____模式，选中要选取的程序，选择_____按钮，可以选择和打开选中的程序，并进入程序编辑界面。

③ 程序的修改和保存：按_____软键，进入_____模式，选择和打开一个程序，可以对程序内容进行编辑，修改完毕后，可以选择_____按钮，确定文件名后进行保存。

④ 程序的删除：按_____软键，进入_____模式，选择要删除的程序，按_____键并单击确认按钮可以删除程序。

⑤ 程序的模拟：选择好要进行模拟的程序，按_____软键，进入_____状态，锁

住机床,按_____按键,机床自行进行程序的轨迹模拟。其中模拟轨迹中红色线条代表_____,黄色线条代表_____。同时按"切换"键可以进行各个视角的查看模拟轨迹。

（3）HNC-21T 数控系统的操作面板上,密密麻麻提供了几十个操作按键,而这些按键是操作机床的关键。有着各种不同的操作功能,试着填写表 3-4 中操作面板功能键的名称和功能。

表 3-4　HNC-21T 操作面板按键功能

功能键图标	功能名称	功　　能
 自动		
 单段		
 手动		
 增量		
 回参考点		
 空运行		
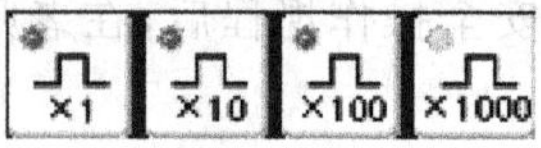 ×1　×10　×100　×1000		
 超程解除		
 程序跳段		
 选择停		
 机床锁住		
 冷却开/停		
 刀位选择　刀位转换		

续表

功能键图标	功能名称	功　能
 主轴点动		
 主轴正转　主轴停止　主轴反转		
 主轴修调　-　100%　+		
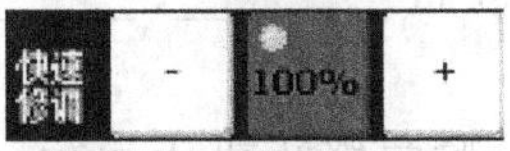 快速修调　-　100%　+		
 进给修调　-　100%　+		
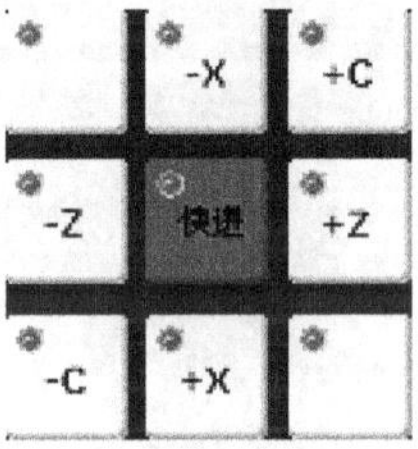 -X　+C　-Z　快进　+Z　-C　+X		
 循环启动		
 进给保持  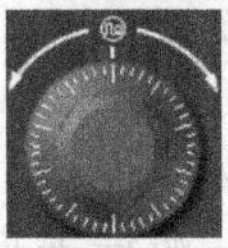		

（4）手动移动机床坐标轴。

点动（增量）操作：按_____按键，选择_____模式，选择移动坐标轴实现点动动作。

手动连续进给操作：按_____按键，选择移动坐标轴，实现坐标轴连续进给动作，按两个坐标轴进给按键，可以实现两轴联动操作。

手摇轮操作：按_____按键，选择_____模式，选择要移动的坐标轴，通过旋转手轮进行坐标轴移动。手轮倍率"×1"时，当转动手轮一个为刻度值，坐标轴移动距离为脉冲当量为_____的轴运动。

其中点动的进给速度由_____决定，连续进给的速度由_____决定。手轮操作的进给速度由_____决定。

（5）手动主轴控制：通过选择操作面板上的_____按键可以实现对主轴转向的控制，通过选择_____按键可以实现对主轴点动功能的控制。

（6）手动数据输入 MDI 操作：（主轴低速正向旋转）选择_____按钮，选择_____界面进入，在对话框"S400 M03；"然后按_____按钮，主轴将进行正转，且每分钟转 400 转。除以上几种手动操作模式之外，还可以进行_____、_____、_____、_____等手动操作。

（7）在发生软限位或者硬限位超程时，系统便会发出报警，紧急终止机床运行，怎么处理解决呢？请在学习后给出方案。在机床移动过程中，经常会出现超程报警，请写出解除方法。

① 硬超程的解除方法：_____，
② 软超程的解除方法：_____。

任务三　数控车加工零件的测量基础

学习目标

（1）熟悉数控车削常用量具；
（2）掌握游标卡尺的测量原理和方法；
（3）掌握千分尺的测量原理和方法。

知识链接

测量技术是在机械加工车间工作的机械加工工作者必须掌握的一项基本功，是用来检验机械加工零件质量的重要手段。而常规中用于测量的用具，称为量具。而量具由于测量精度级别、测量方法、测量使用环境、测量内容的不同有着很多不同的种类。

一、游标卡尺

游标卡尺是一种测量长度、内外径、深度的量具，如图 3-20 所示。游标卡尺由主尺和附在主尺上能滑动的游标两部分构成。主尺一般以 mm 为单位，而游标上则有 10、20 或 50 个分格，根据分格的不同，游标卡尺可分为 10 分度游标卡尺、20 分度游标卡尺、50 分度游标卡尺等，游标为 10 分度的有 9mm、20 分度的有 19mm、50 分度的有 49mm。游标卡尺的主尺和游标上有两副活动量爪，分别是内测量爪和外测量爪。内测量爪通常用来测量内径，外测量爪通常用来测量长度和外径。

游标卡尺的测量读数步骤如下。

(1) 用软布将量爪擦干净，使其并拢，查看游标和主尺身的零刻度线是否对齐。如果对齐就可以进行测量，若没有对齐则要记取对零误差。游标的零刻度线在尺身零刻度线右侧的叫正零误差，在尺身零刻度线左侧的叫负零误差（这件规定方法与数轴的规定一致，原点以右为正，原点以左为负）。

(2) 测量时，右手拿住尺身，大拇指移动游标，左手拿待测外径（或内径）的物体，使待测物位于外测量爪之间，当与量爪紧紧相贴时，即可读数，如图 3-21 所示。

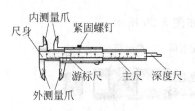

图 3-20　游标卡尺结构　　　　　　　图 3-21　游标卡尺测量

(3) 读数时，如图 3-22 所示，以游标副尺上的零刻度线为准在主尺尺身上读取 mm 整数，即以 mm 为单位的整数部分。然后看游标副尺上第几条刻度线与主尺尺身上的刻度线对齐，如副尺上的第 6 条刻度线与主尺尺身刻度线对齐，则小数部分即为 0.6mm（若没有正好对齐的线，则取最接近对齐的线进行读数）。如有零误差，则一律用上述结果减去零误差（零误差为负，相当于加上相同大小的零误差），读数结果为：

$$L = 整数部分 + 小数部分 - 零误差$$

判断游标副尺上哪条刻度线与主尺尺身刻度线对准，可用下述方法：选定相邻的 3 条线，如左侧的线在尺身对应线之右，右侧的线在尺身对应线之左，中间那条线便可以认为是对准了的。

$$L = 对准前刻度 + 游标副尺上第 n 条刻度线与主尺尺身的刻度线对齐 × 分度值$$

如果需测量几次取平均值，不需每次都减去零误差，只要从最后结果减去零误差即可。

读取如图 3-22 所示游标卡尺的读数，先读取副尺刻度的 0 点在主尺刻度的数值，A 的位置在 36～37mm，取 36mm。然后在主尺刻度与副尺刻度成一条直线处，读取副尺刻度，B 的位置在 3～4，取 0.35mm。将两部分数值相加，最终该游标卡尺的读数为 36.35mm。

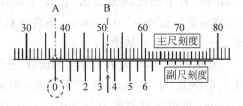

图 3-22　游标卡尺的刻度读法

二、千分尺

千分尺又称为螺旋测微器、螺旋测微仪、分厘卡，是比游标卡尺更精密的测量长度、直径、宽度等的工具。根据千分尺结构和用途的不一样，有很多不同的千分尺，根据计数方式的不一样也可以分成不同的种类。千分尺分为机械千分尺和电子千分尺两类，如图 3-23 和图 3-24 所示。

图 3-23　机械千分尺

图 3-24　电子千分尺

以机械外径千分尺为例来介绍它的结构,如图 3-25 所示。

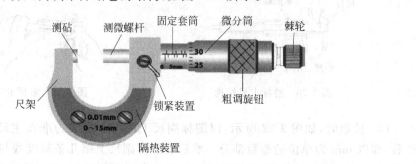

图 3-25　机械外径千分尺结构

千分尺的测量读数步骤如下。

(1) 使用前应先检查零点:缓缓转动棘轮,使测微螺杆和测砧接触,到棘轮发出声音为止,此时可动微分筒上的零刻线应当和固定套筒上的基准线(长横线)对正,否则有零误差。

(2) 左手持尺架上的隔热装置,右手转动粗调旋钮使测微螺杆与测砧间距稍大于被测物,放入被测物,转动棘轮到夹住被测物,直到棘轮发出声音为止,拨动锁紧装置使测微螺杆固定后读数。

(3) 先读固定刻度,再读半刻度,若半刻度线已露出,记作0.5mm;若半刻度线未露出,记作 0.0mm。最后读可动刻度(注意估读),记作 $n\times0.01$mm。最终读数结果为固定刻度+半刻度+可动刻度+估读。

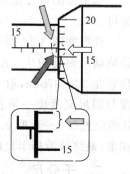

读取如图 3-26 所示千分尺的读数,先读取固定套筒 0 基准线上的刻度为 18mm;再读半刻度,半刻度线已露出,记作0.5mm;读取可动刻度为 $16\times0.01=0.16$mm;最后读取固定套筒 0 基准线与微分筒交叉部分的估值为 0.002mm。将以上几个数值相加,该千分尺的最终读数为 18.662mm。

图 3-26　千分尺刻度的读法

任务实施

(1) 指出表 3-5 中图示的量具的名称。

表 3-5　量具

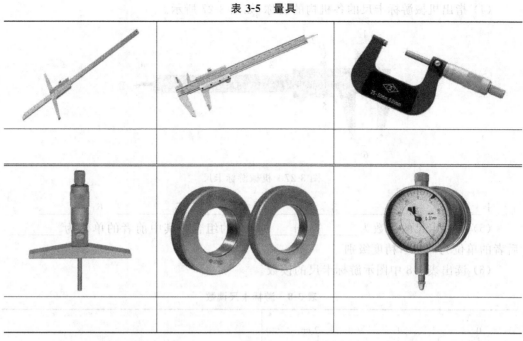

（2）学习机械游标卡尺的测量原理，完成下列问题。

① 游标卡尺可以直接测量出工件的_____、_____、_____和_____等。

② 游标卡尺的精度量级有_____、_____和_____ 3 种。

③ 游标卡尺有一定的示值误差，不同精度量级的游标卡尺示值误差也不同，完成表 3-6 填写。

表 3-6　不同精度量级的游标卡尺示值

游标分度值	示值总误差
0.02	
0.05	
0.1	

（3）游标卡尺的读数方法有不同的种类，分为直接读取、累加读取等，表 3-7 中图示的游标卡尺分别属于哪一类？

表 3-7　游标卡尺分类

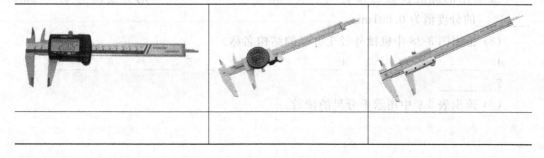

（4）指出机械游标卡尺的各机构的名称，如图 3-27 所示。

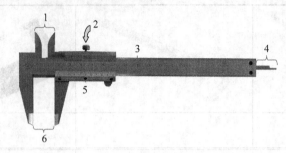

图 3-27　机械游标卡尺

1 _____　　2 _____　　3 _____　　4 _____　　5 _____　　6 _____

（5）游标卡尺的读数为 _____ ＋ _____ 的组合。其中前者的单位为 _____，后者的单位为 n 格×精度级别。

（6）读出表 3-8 中图示游标卡尺的读数。

表 3-8　游标卡尺读数

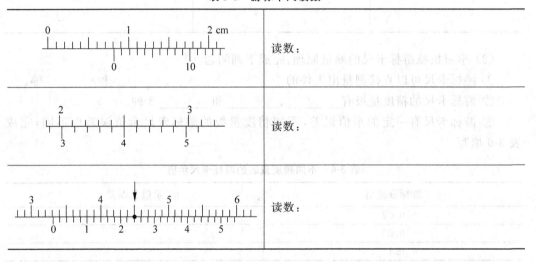

	读数：
	读数：
	读数：

（7）学习外径千分尺的测量原理，完成下列问题。

① 外径千分尺是利用 _____ 原理制成的量具，又称为螺旋测微量具。它们的测量精度比游标卡尺 _____（高、低）。

② 常用的螺旋读数量具有 _____ 和 _____、_____ 的分度值为 0.01mm，_____ 的分度值为 0.001mm。

（8）指出图 3-28 中机械外径千分尺的结构名称。

1 _____　　2 _____　　3 _____　　4 _____　　5 _____　　6 _____

7 _____

（9）读出表 3-9 中图示千分尺的读数。

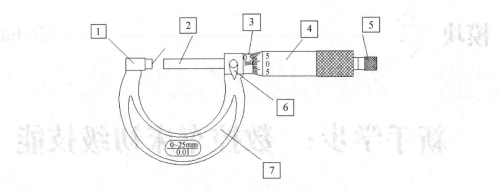

图 3-28　机械千分尺的结构

表 3-9　千分尺的读数

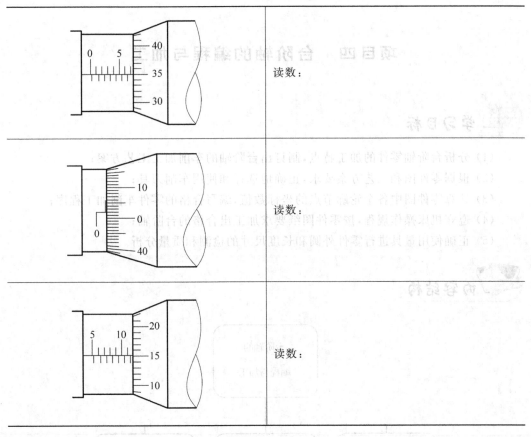

模块 二 ——————————————————————— **Module 2**

新手学步：数控车床初级技能

项目四　台阶轴的编程与加工

学习目标

（1）分析台阶轴零件的加工特点，制订出台阶轴的车削加工工艺方案；
（2）根据零件图和工艺方案要求，正确地选择和使用车削刀具；
（3）计算零件图中各个轮廓节点的坐标数值，编写合格的零件车削加工程序；
（4）遵守机床操作规程，按零件图纸要求加工出合格的台阶轴；
（5）正确使用量具进行零件外圆和长度尺寸的检测和质量分析。

内容结构

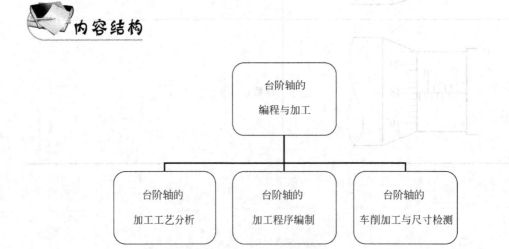

任务一 台阶轴的加工工艺分析

 **知识链接**

在同一工件上，有几个直径大小不同的圆柱体连接在一起像台阶一样，就称它为台阶轴。而轴类零件的特点是长度都大于回转直径，长径比小于 6 的称为短轴，大于 20 的称为细长轴。

台阶轴的加工主要是外圆车削和平面车削的组合，所以在加工时必须兼顾外圆尺寸精度和台阶长度尺寸精度的要求。

1. 台阶轴的技术要求

台阶轴通常与其他零件配合使用，因此它的技术要求一般有以下几点。

（1）各段外圆的同轴度。

（2）外圆的台阶平面的垂直度。

（3）台阶平面的平面度。

（4）外圆和台阶相交处的清角。

（5）表面粗糙度及热处理要求，轴上重要配合安装面要求 $Ra1.6$ 左右，常用 45 钢材料，调质处理安排在粗加工之后。

2. 车刀的选择和装夹

车台阶轴时为保证台阶平面和轴心线垂直，应取主偏角大于 90°（一般为 93°），如图 4-1 所示。车刀安装时伸出刀架长度控制在 1.5 倍刀厚，以保证足够的刀具刚性满足较大切深与进给要求。除 93°圆刀外，根据台阶轴上的结构特点一般还要用到 45°偏刀，切槽（断）刀等。

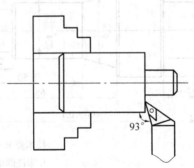

93°

图 4-1 外圆车刀安装位置示意图

3. 切削用量的选择

（1）背吃刀量（a_P）：选用机夹数控车刀时，参考刀片切削性能表，查取即可，粗车时一般在综合考虑机床功率大小、工艺系统刚性好坏、功率高低下，尽量取大值，根据经验取 $a_P=2\sim3\text{mm}$，精车时的背吃刀量取 $a_P=0.2\sim0.5\text{mm}$。

（2）进给量（f）：具体数值根据工件和刀具材料来决定，一般粗车时取 $f=0.2\sim0.5\text{mm/r}$，精车时取 $f=0.05\sim0.15\text{mm/r}$。

（3）切削速度（v_c）：用硬质合金深层刀片车削外圆时，切削速度取 $v_c=150\sim200\text{m/min}$，粗车时以毛坯外径根据方式 $n=1000v_c/\pi d$ 计算转速，精车时以小端外径计算转速 n。

4. 台阶轴的车削方法

车台阶轴一般分粗车、精车进行，对于低台阶轴因相邻圆柱直径差较小，可用外圆车刀一次切出，如图 4-2(a)所示机加工路线为 A→B→C→D→E。当工件上相邻两圆柱直径差较大，采用分层切削，如图 4-2(b)所示粗加工路线为 A1→B1、A2→B2、A3→B3，精加工路线为 A→B→C→D→E。

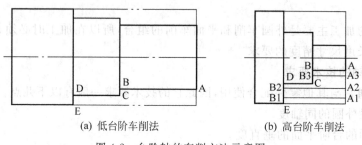

(a) 低台阶车削法　　　　　(b) 高台阶车削法

图 4-2　台阶轴的车削方法示意图

任务实施

图 4-3 所示为台阶轴零件图，根据该图完成下列任务。

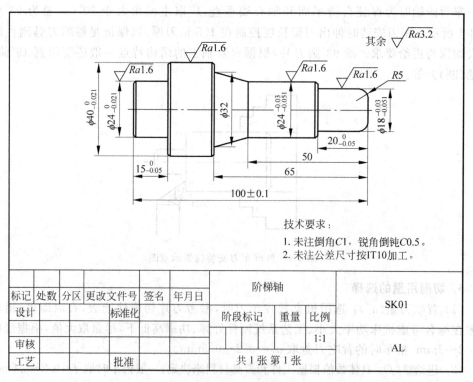

图 4-3　台阶轴零件图

1. 台阶轴零件的结构特点分析

分析零件图 4-3,根据图 4-3 提供的信息选出该零件所具有的结构,并填写表 4-1。

表 4-1　台阶轴的结构特点

零 件 特 征	请选择(√)	零 件 特 征	请选择(√)
圆柱面		倒角	
外圆锥面		圆弧面	
内圆锥面		圆角	
外螺纹		沟槽	

2. 台阶轴零件的加工精度分析

轴类零件的加工精度主要包括尺寸精度、形状精度和位置精度,请根据台阶轴零件图 4-3,将台阶轴的尺寸精度和表面质量要求填写在表 4-2 中。

表 4-2　台阶轴零件加工精度

尺 寸 类 别	尺 寸 值	尺寸精度要求	表面粗糙度
长度尺寸			
直径尺寸			

表面粗糙度是零件车削完成后形成的表面特征,表面粗糙度对零件使用情况有很大影响。

一般来说,表面粗糙度数值小,会提高配合质量,减少磨损,延长零件使用寿命,但零件的加工难度和成本会增加,反之加工的难度和成本就会降低。

台阶轴零件的其他技术要求,零件名称:_____,零件材料:_____。在图 4-3 中还有一些对零件制造的其他要求,请在图 4-3 的技术要求中找出未注倒角是_____,未注公差标准是_____。

3. 台阶轴零件车削方案分析

1) 分析台阶轴加工方法

台阶轴零件的外形结构由端面、圆锥面、圆柱面组成,属于外圆加工表面。表面加工方法的选择是先根据表面粗糙度和尺寸精度的要求选定的,由此确定安排粗加工、半精加工、精加工等工序。表 4-3 是外圆表面加工方案的适用范围,请根据图 4-3 要求选出合理的加工方案。

表 4-3　外圆表面加工方案的适用范围

序号	加工方案	经济精度级	表面粗糙度 $Ra/\mu m$	适用范围	请选择(√)
1	粗车	IT11 以下	50～12.5	适用于淬火钢以外的各种金属	
2	粗车→半精车	IT8～IT10	6.3～3.2		
3	粗车→半精车→精车	IT7～IT8	1.6～0.8		

2) 确定台阶轴的加工工序

根据台阶轴的结构特点,左端是台阶轴段,右端是阶梯锥轴段,无法在一次装夹中完成加工。所以在完成一端后,需要调头加工,即安排两道工序,如表 4-4 所示为台阶轴数控车削方案。

表 4-4　台阶轴数控车削方案

工序	加工简图	工序内容
1		(1) 三爪卡盘装夹零件,粗车、半精车台阶轴 φ40mm、φ24mm 外圆 (2) 精车台阶轴 φ40mm、φ24mm 外圆,保证精度
2		(1) 调头,三爪卡盘夹持 φ40mm 外圆,车削右端面保证零件总长 (2) 粗车、半精车台阶轴 φ18mm、φ24mm 外圆和圆锥 (3) 精车台阶轴 φ18mm、φ24mm 外圆和圆锥及各处倒角,保证精度

4. 刀具的选择

不同的零件结构需要选用不同的切削刀具,而不同的切削刀具将会影响零件的生产效率和质量,那么选择表 4-5 中台阶轴加工的切削刀具。

表 4-5　数控加工刀具选择

实训项目			零件名称			零件图号	
序号	刀具号	刀具名称	刀片规格	数量	加工表面	数量	备注
1							
2							
3							

5. 数控加工工艺方案卡片的编制

通过对台阶轴零件的系列分析,完成对台阶轴零件数控加工工艺方案卡片(如表 4-6 所示)的填写。

表 4-6　数控加工工艺方案卡片

实训项目		零件图号		系统		材料	
装夹定位简图							
程序名称		G 功能	T 刀具	切削用量			
				转速 S/(r/min)	进给速度 F/(mm/r)	背吃刀量 a_P/mm	
工序号	工步	工步内容					

任务二　台阶轴的加工程序编制

 知识链接

　　台阶轴的形状基本上由直线、45°倒角及小半径的过渡圆弧连接组成,工件形状简单,所以台阶轴的轮廓可以使用 G01、G02、G03 基本插补指令编程,这些指令的详细用法说明如下。

1. G00——快速定位

指令格式：G00 X(U)_ Z(W)_。

参数说明：

(1) X、Z 为绝对编程时,目标点在工件坐标系中的坐标;

(2) U、W 为增量编程时刀具移动方向和移动距离。

功能：G00 指令是快速点定位指令,指刀具相对于工件从当前位置到程序指位置的快速定位。快移速度由机床参数"快移进给速度"设定；操作面板上的快速修调按钮可修正。主要用来快速辅助定位,不进行切削加工。

注意事项：执行 G00 指令时,由于各轴以各自的速度移动,不能保证各轴同时到达终点,因此联动直线轴的合成轨迹不一定是直线,操作者必须格外小心,以免刀具与工件发生碰撞。常见 G00 运动轨迹如图 4-4 所示,从 A 点到 B 点常见有以下两种方式：直线 AB、折线 AEB。折线的起始角是固定的(如 θ＝22.5°或 45°),它取决于各坐标的脉冲当量。

应用举例：将刀具从起点 S 快速定位到目标点 P,如图 4-5 所示,编程方法如表 4-7所示。

G00 为模态功能,可由 G01、G02、G03 等功能注销。目标点位置坐标可以用绝对值,也可以用相对值,甚至可以混用。

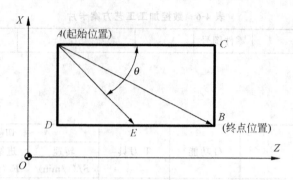

图 4-4   G00 定位轨迹图

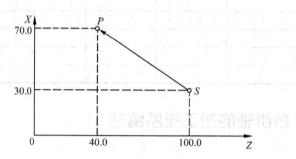

图 4-5   绝对、相对、混合编程实例

表 4-7   绝对、相对、混合编程方法表

绝对编程	G00	X140	Z40
相对编程	G00	U80	W-60
混合编程	G00	U80	Z40
	G00	X140	W-60

2. G01——直线插补

指令格式：G01 X(U)_Z(W)_F。

参数说明：

(1) X、Z 为绝对编程时目标点在工件坐标系中的坐标；

(2) U、W 为增量编程时目标点坐标的增量；

(3) F 为进给速度。

功能：G01 指令使刀具以一定的进给速度，从所在点出发，直线移动到目标点。通常完成一个切削加工过程。

注意事项：

(1) G01 程序段中必须含有 F 指令值或已经在之前的 01 组代码中指定。

(2) G01 为模态指令，F 指令字也具备模态功能。

相关指令：F 进给速度由两种指定方式，用 G94 指令每分进给方式（单位：mm/min）和用 G95 指令每转进给方式（单位：mm/r），若要指定为每分进给方式，需在执行基本插补指令前加入 G94 指令（开机态），若要指定为每转进给方式，则需在基本插补指令前加入 G95 指令。G94 和 G95 指令可以相互切换,均为模态指令,本书中的编程实例均采用 G95 方式。

应用举例：应用 G00、G01 指令加工图 4-6 所示的零件,只要求编写轮廓加工轨迹的程序。

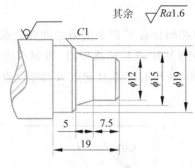

图 4-6 精车实例

轮廓加工程序如下。

```
N10  T0101  G95;              //换 1 号外圆刀,执行 01 号刀补,设定为每转进给方式
N20  M03  S1200;              //主轴正转,1200r/min
N30  G00  X10  Z2  M08;       //快速定位至加工起点,开启冷却液
N40  G01  Z0  F0.12;          //工进至倒角切削起点
N50  X12  Z-1;                //倒角 C1
N60  Z-7.5;                   //精车Φ12外圆长7.5
N70  X15  W-5;                //精车外圆锥
N80  X17;                     //精车台阶面
N90  X19  W-1;                //倒角 C1
N100  Z-19;                   //精车Φ19外圆长19
N110  X26;                    //精车台阶面,并退刀
N120  G00  X100  Z100;        //快速返回换刀点
N130  M30;                    //程序结束
```

3. G02/G03——顺/逆圆弧插补

指令格式：$G02(G03) \ X(U) \ \_ \ Z(W) \left\{ \begin{matrix} \_ \quad R \_\_\_\_ \\ I \_\_\_ \quad K \_\_\_\_ \end{matrix} \right\} \cdot F \_\_\_。$

功能：G02/G03 指令使刀具以一定的进给速度,从所圆弧起点出发沿设定的圆弧轨迹移动到目标点。通常完成一个圆弧轮廓的切削加工过程,规定 G02 为顺时针圆弧插补指令,G03 为逆时针圆弧插补指令。

说明：

(1) 用绝对值编程时,圆弧终点坐标为圆弧终点在工件坐标系中的坐标值,用 X、Z 表示。当用增量值编程时,圆弧终点坐标为圆弧终点相对于圆弧起点的增量值,用 U、W 表示。

(2) 圆心坐标 (I, K) 为圆弧起点到圆弧中心点所作矢量分别在 X、Z 坐标轴方向上分矢量(矢量方向指向圆心)。本系统 I、K 为增量值,并带有"±"号,当矢量的方向与坐标轴的方向不一致时取"—"号。式中,X、Z：绝对编程时目标点在工件坐标系中的坐标；

U、W：增量编程时目标点坐标的增量；F：进给速度。

(3) R 为圆弧半径,不与 I、K 同时使用：$\begin{cases} \text{当圆心角 } 0°<\alpha\leqslant180°\ R \text{ 取正值} \\ \text{当圆心角 } 180°<\alpha<360°\ R \text{ 取负值} \end{cases}$

(4) 圆弧插补的顺、逆可按如图 4-7 所示的方向判断(注,本书中均采用前置刀架形式)。

注意事项：

(1) G02/G03 程序段中必须含有 F 指令值或已经在之前的 01 组代码中指定。

(2) G02/G03 程序段必须含 R 或 I、K 指令值,否则系统会按直线插补执行。

圆弧插补编程示例：如图 4-8 所示,刀具从起点 A 移至终点 B ,要求编写圆弧部分程序。

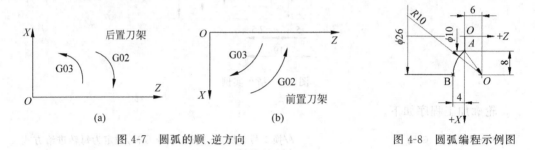

图 4-7　圆弧的顺、逆方向　　　　　　图 4-8　圆弧编程示例图

圆弧部分程序如下。

绝对方式编程程序：G02　X26 Z-4 R10 F0.1 或 G02　X26 Z-4 I8 K6 F0.1。

相对方式编程程序：G02　U16 W-4 R10 F0.1 或 G02　U16 W-4 I8 K6 F0.1。

4. G71——外径粗车复合循环

轮廓编程的加工方法一般用于零件余量均衡且较少的场合,可以使用 G01、G02 等基本插补指令。但对于余量加大而不均衡时,用 G01、G02 等基本插补指令会很烦琐。所以往往会采用简化编程指令,不仅用法简单还可以大大缩短程序长度,提高编程效率。用法说明如下。

指令格式：G71 U(Δd) R(r) P(ns) Q(nf) X(Δx) Z(Δz) F(f) S(s) T(t)。

说明：该指令执行如图 4-9 所示粗加工和精加工,其中精加工路径为 A→A'→B'→B 的轨迹。

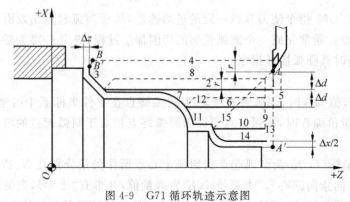

图 4-9　G71 循环轨迹示意图

图 4-9 参数说明如下。

Δd 为切削深度（每次切削量），指定时不加符号，方向由矢量 AA' 决定；

r 为每次退刀量；

ns 为精加工路径第一程序段（即图 4-9 中的 AA'）的顺序号；

nf 为精加工路径最后程序段（即图 4-9 中的 $B'B$）的顺序号；

Δx 为 X 方向精加工余量；

Δz 为 Z 方向精加工余量；

F、S、T：粗车时 G71 中的 F、S、T 有效，而精车时处于 ns 到 nf 程序段间的 F、S、T 有效。

G71 编程格式如表 4-8 所示。

表 4-8　G71 外径粗车复合循环编程格式

G00 X __ Z ____;	快速定位到循环始点
G71 U(Δd)R(r)P(ns)Q(nf)X(Δx)Z(Δz) F(f)	设置背吃刀量退刀量 设置精加工轮廓起止程序段号，精加工余量，粗车进给量
N(ns)G00/G01 X __ F(f2);	精加工轮廓描述
...	
N(nf);	

G71 的特点如下。

（1）只要指定精车的路线及粗车的吃刀量，系统会自动计算粗车走刀路线和走刀次数。

（2）切削进给方向平行于 Z 轴。

（3）粗加工之后留出精加工余量。

G71 编程实例：用外径粗加工复合循环编制如图 4-10 所示零件的加工程序，循环起始点的坐标为(50,5)，切削深度为 1.5mm（半径量）。退刀量为 1mm，X 方向精加工余量为 0.4mm，Z 方向精加工余量为 0.1mm，工件毛坯为直径 45mm 的铝棒。

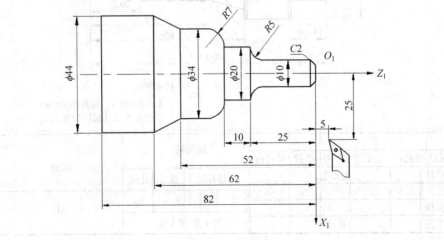

图 4-10　外径粗车循环举例

外径粗加工复合循环编制零件的加工程序如下。

```
%0071
N1  T0101;
N2  M03 S400 G95;                              //主轴以 400r/min 正转
N3  G00 X50 Z5;                                //刀具到循环起点位置
N4  G71 U1.5 R1 P5 Q15 X0.4 Z0.1 F0.2;          //粗切量 1.5mm 精切量：X0.4mm Z0.1mm
N5  G00 X4;                                    //精加工轮廓起始行到倒角延长线
N6  G01 Z1 F0.1;
N7  G01 X10 Z-2;                               //精加工 2×45°倒角
N8  Z-20;                                      //精加工 Φ10 外圆
N9  G02 U10 W-5 R5;                            //精加工 R5 圆弧
N10 G01 W-10;                                  //精加工 Φ20 外圆
N11 G03 U14 W-7 R7;                            //精加工 R7 圆弧
N12 G01 Z-52;                                  //精加工 Φ34 外圆
N13 U10 W-10;                                  //精加工外圆锥
N14 W-20;                                      //精加工 Φ44 外圆,精加工轮廓结束行
N15 X50;                                       //退出已加工面
N16 G00 X80 Z80;                               //回换刀点
N17 M05;                                       //主轴停
N18 M30;                                       //主程序结束并复位
```

 任务实施

图 4-11 所示为台阶轴零件图。

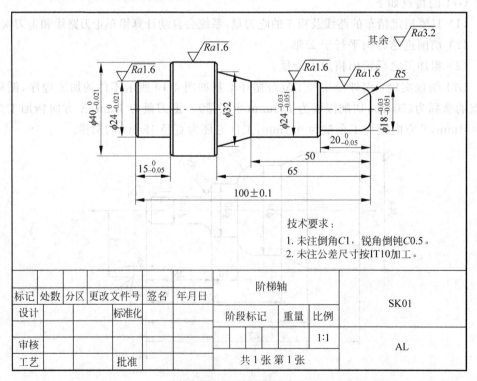

图 4-11 台阶轴零件图

经过了对台阶轴零件车削工艺的详细分析以及基本编程指令的学习,请根据台阶轴零件的零件图 4-11 和所编写的加工工艺文件,分析与完成零件的轮廓节点坐标,并编写与所使用的数控系统相匹配的加工程序,完成表 4-9~表 4-12 的填写。

表 4-9　台阶轴零件节点坐标(一)

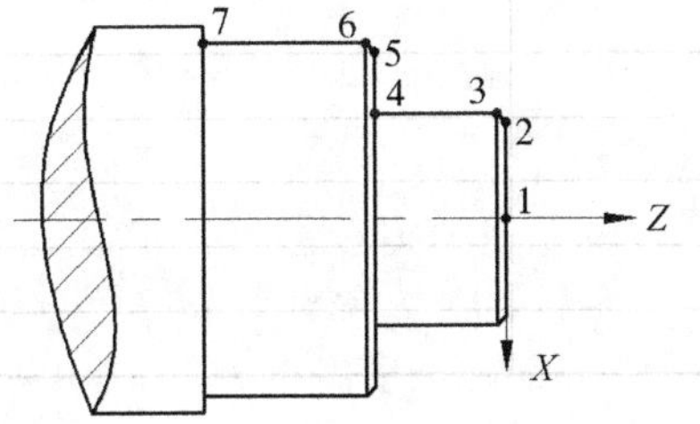

	轮廓节点	坐标
	1	
	2	
	3	
	4	
	5	
	6	
	7	

表 4-10　台阶轴零件加工程序(一)

程序名

程序段号	程序内容	说明注释
N10		
N20		
N30		
N40		
N50		
N60		
N70		
N80		
N90		
N100		
N110		
N120		
N130		
N140		
N150		
N160		
N170		
N180		
N190		

表 4-11   台阶轴零件节点坐标（二）

轮廓节点	坐标
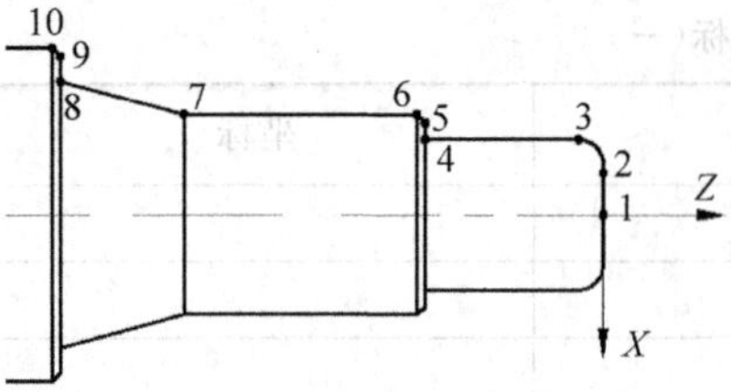 1	
2	
3	
4	
5	
6	
7	
8	
9	
10	

表 4-12   台阶轴零件加工程序（二）

程序名

程序段号	程序内容	说明注释
N10		
N20		
N30		
N40		
N50		
N60		
N70		
N80		
N90		
N100		
N110		
N120		
N130		
N140		
N150		
N160		
N170		
N180		

任务三   台阶轴的车削加工与尺寸检测

知识链接

　　台阶轴零件的车削过程是数控系统控制机床坐标轴沿着一定的轨迹运动的过程，在运行加工之前有着很多的准备工作和严格的执行标准，而这些是台阶轴零件质量的保证。

1. 数控车削操作作业指导书

数控车床的自动运行加工有着严格的操作标准和要求,而作业指导书作为重要的生产指导文件,是工作过程中的指导性文件。如表 4-13 所示为台阶轴数控车削操作作业指导书。

表 4-13　台阶轴数控车削操作作业指导书

台阶轴车削操作作业指导书				
零件名称	台阶轴			
加工设备	CAK4085si 型数控车			
控制系统	HNC-21T			
作业示意图	工序一　　　工序二			
作业流程	安全注意事项:作业过程中严格执行安全文明生产要求和机床安全操作规程 作业顺序: 1. 按要求检查机床是否符合安全运行要求,参照"数控车床检查表"进行自检,符合要求后,可以使设备投入正常运转 2. 准备好加工过程所需的工具、刀具和量具 3. 根据工序一,装夹零件毛坯,伸出所需的长度(大于本工序的有效加工长度) 4. 安装加工刀具:T0101 5. 对刀操作,建立零件加工坐标系,并预置刀具磨耗 6. 编辑和调用加工程序,自动模式锁住机床进行模拟校验 7. 自动执行粗精加工,开始时单段执行,确保正常后,关闭单段,连续执行 8. 粗车后,测量和进行刀补值的修整,保证尺寸精度 9. 拆下零件,根据工序二调头装夹,保证零件总长度尺寸 10. 建立新的零件加工坐标系 11. 调用加工程序,自动执行粗精加工 12. 加工完毕后,拆下零件进行自检和尺寸分析			
质量检查内容	检查项目		使用量具	
	外圆直径		外径千分尺	
	台阶轴长度		游标卡尺	
	表面粗糙度		粗糙度对照板	
	外观质量		目测	
毛坯材料	AL	毛坯规格	$\phi42\times102$mm　毛坯数量/件	1
装夹夹具	三爪自定心卡盘			
切削刀具	90°外圆车刀			
量具	0~125mm 游标卡尺、0~25mm 千分尺、25~50mm 千分尺			

2. 台阶轴加工精度的控制方法

为了达到和保证台阶轴零件的尺寸精度,需要将加工过程分成粗车、半精车和精车3个过程。在车床完成了台阶轴的粗车和半精车后,此时可以测量已加工的外圆直径尺寸,检查与图纸要求尺寸的实际偏差。通过对刀具预留磨损数值的修正和精加工过程,保证和实现外圆直径的尺寸精度,如表 4-14 所示为直径刀具磨损值的修正方法。

表 4-14 直径刀具磨损值的修正方法

磨损修正案例:

如有一轴,外圆直径尺寸数值要求为 $\phi 38_{-0.021}^{0}$mm。

粗车前:磨损预留值为 0.5mm。

半精加工后:外圆直径实测数值为 D 实测直径为 $\phi 38.60$mm。

外圆直径的 D 理论数值:取 $\phi 38_{-0.021}^{0}$mm 的中差值为 $\phi 37.99$mm。

修正后磨损的值 U 公式为

$$U = 磨损预留值 - (D 实测直径 - D 理论数值)$$

所以　　　　　　　修正值 $U = 0.5$mm $- (38.60$mm$ - 37.99mm) = -0.11$(mm)

磨损值修正的方法:

在系统对刀操作的刀偏表中,找到对应的刀具 X 磨损值栏,将修正后的磨损数值直接输入并替代到原先的预留磨损值,最后进行精车加工即可

 任务实施

在数控车床执行自动加工程序之前,需要完成设备、材料、工具、刀具和量具等各项准备工作,参考标准作业指导书完成台阶轴的数控车削加工任务。

1. 设备、工量具和刀具的准备

(1)检查机床是否符合运行要求,并记录在检查表 4-15 中。

表 4-15 机床状态检查表

检查部位	检查方法	判断依据	检查结果
机床润滑油	目测、手动供油操作	润滑油液面足够、油泵供油正常	
电柜风扇	目测、耳听	风扇工作正常、有风	
机床主轴	目测、耳听	转速正常、声音正常	
机床移动部件	目测、耳听	机床部件移动轻便、平滑	

(2)工量刀具准备清单如表 4-16 所示。

表 4-16 工量刀具清单

名　称	规格(型号)	数　量
毛坯		
外圆车刀		
游标卡尺		
千分尺		

2. 安装零件毛坯

按照表 4-13 中工序一加工内容,装夹毛坯,毛坯伸出长度为_____。

提示:毛坯安装要夹牢,卡盘钥匙要放好。

3. 安装切削刀具

按图 4-12 所示,在 1 号刀位位置上安装外圆车刀。

安装车刀时,刀具中心与主轴轴心要_____。(略高、等高、略低)

车刀边沿与刀架边沿要_____。

刀具伸出刀架的长度_____ 1.5 倍的刀杆厚度。(不小于、等于、不大于)

4. 建立工件坐标系

数控车床的对刀方法有很多种,其中比较常用和简便的是试切法对刀,如图 4-13 所示,1 号刀具为 Z 方向对刀,2 号刀具为 X 方向对刀。请用试切法对刀完成台阶轴的坐标系设定。

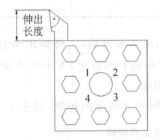
图 4-12　外圆车刀安装示意图

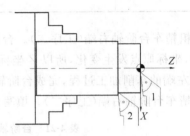
图 4-13　外圆车刀对刀示意图

根据试切法对刀的操作步骤填写表 4-17。

表 4-17　试切法对刀的操作步骤

操作步骤	记录操作
1. MDI 模式启动主轴正转	主轴转速:　r/min
2. Z 方向对刀,手摇试切端面,沿 X 方向退出	试切长度栏输入:
3. X 方向对刀,手摇试切外圆,沿 Z 方向退出,停止主轴	测量已切外圆直径:　mm 试切直径栏输入:

5. 台阶轴的数控车削

(1) 根据粗车台阶轴的左端(工序一)的操作步骤,填写表 4-18。

表 4-18　粗精车台阶轴左端(工序一)的操作步骤

操作步骤	记录操作
1. 调取粗精车加工程序	程序名:
2. 留取直径磨损值	X 磨损值栏输入:
3. 自动执行台阶轴左端粗精车	检查卡盘、刀架扳手已经取下(　)防护门已经关闭(　　)

(2) 外圆尺寸精度的控制(工序一)。台阶轴在粗精车后,形成的外圆直径尺寸一般不能符合图纸的要求,通过检测外圆的直径尺寸,对比精度要求,按表 4-19 完成刀具磨损

值的修正。

表 4-19 台阶轴外圆尺寸精度的控制

理论值	允许的尺寸范围	实际测量值	存在偏差值	预留的磨损值	修正后预留值

（3）精车台阶轴左端（工序一）。在修改完预留值后，修改加工程序成精加工程序，按循环启动，完成精加工，检测并保证台阶轴外圆的直径尺寸精度。

（4）调头，手摇车削，保证台阶轴的总长。填写台阶轴总长尺寸精度的控制，见表 4-20。

表 4-20 台阶轴总长尺寸精度的控制

理论值	允许的尺寸范围	实际测量值	存在偏差值

（5）粗精车台阶轴右端（工序二）。台阶轴零件，调头车削后，工件伸出卡盘的长度尺寸不一样，坐标原点发生变化，所以 Z 坐标方向需要重新对刀设定，X 方向不需要。

参照左端的车削加工过程，完成台阶轴右端的粗车。

（6）精车台阶轴右端（工序二）。填写台阶轴外圆尺寸精度的控制，见表 4-21。

表 4-21 台阶轴外圆尺寸精度的控制

理论值	允许的尺寸范围	实际测量值	存在偏差值	预留的磨损值	修正后预留值

6. 机床的清扫与保养

在完成台阶轴零件的加工后，要清扫机床中的切屑，将机床工作台移动至机床尾部（防止机床导轨长时间静止受压发生变形），给机床移动部件和金属裸露表面做好防锈工作。并做好机床运行记录，清扫工位周边卫生。并填写表 4-22 中的机床卫生记录。

表 4-22 机床卫生记录

序　　号	内　　容	要　　求	完成情况记录
1	零件	上交	
2	切削刀具	拆卸、整理、清点、上交	
3	工量具	整理、清洁、清点、上交	
4	机床刀架、导轨、卡盘	清洁、保养	
5	切屑	清扫	
6	机床外观	清洁	
7	机床电源	关闭	
8	机床运行情况记录本	记录、签字	
9	工位卫生	清扫	

学生签字：

7. 零件的评价与反馈

（1）根据表 4-23 中的检查项目对台阶轴零件进行检测，并做记录。

表 4-23　台阶轴零件检测记录表

检验项目及要求	检验量具	学生自测值	教师测定值	结果判定（以教师测定值为准）
外圆 $\phi18^{-0.03}_{-0.051}$				
外圆 $\phi24^{-0.03}_{-0.051}$				
外圆 $\phi24^{0}_{-0.021}$				
外圆 $\phi40^{0}_{-0.021}$				
长度 $15^{0}_{-0.05}$				
长度 $20^{0}_{-0.05}$				
长度 $100^{+0.1}_{-0.1}$				
长度 50				
长度 65				
外圆 $\phi32$				
圆弧 $R5$				
表面粗糙度 $Ra1.6$				
工件完成情况分析 工艺及编程改进意见			终结性评价	

（2）请根据表 4-24 中的项目完成对本次学习任务的自我评价。

表 4-24　台阶轴零件项目学习情况反馈

序　号	项　　目	学习任务的完成情况	本人签字
1	工作页的填写		
2	独立完成的任务		
3	小组合作完成的任务		
4	教师指导下完成的任务		
5	是否达到了学习目标		
6	存在问题及建议		

项目五　锥轴的编程与加工

 学习目标

（1）分析锥轴零件的加工特点，制订出锥轴的车削加工工艺方案；

（2）根据零件图和工艺方案要求，正确地选择和使用车削刀具；

（3）计算零件图中各个轮廓节点的坐标数值，编写合格的零件车削加工程序；

（4）遵守机床操作规程，按零件图纸要求车削加工出合格的锥轴零件；

（5）正确使用量具进行圆锥轴尺寸精度的检测和质量分析。

 **内容结构**

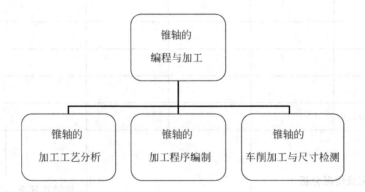

任务一　锥轴的加工工艺分析

 知识链接

锥轴的外表面是由一条倾斜于中心轴线的直线为母线绕工件旋转一周形成的，一般锥轴有短锥和长锥、顺锥和逆锥之分。外圆锥面应用很广，当圆锥的锥角较小，如30°以下可以传递较大的转矩；圆锥面配合轴度较高，并能做到无间隙配合，即使多次装卸仍能保持定心作用。

1. 锥轴的常见技术要求

（1）圆锥体的角度、公差；

（2）圆锥表面的圆跳动公差；

（3）圆锥侧母线的直线度以及与内锥的配合精度（接触面积）；

（4）圆锥体轴线与其他外圆的同轴度要求；

（5）圆锥表面粗糙度以及热处理表面硬度等。

2. 车刀的选择与装夹

车外圆锥时，一般可选用一把93°的偏刀，车顺锥时刀具的副偏角取 $k_r = 6° \sim 8°$，如图 5-1 所示，车有逆锥的表面时 $k_r =$ 逆锥半角$+3° \sim 4°$如图 5-2 所示，以免与加工表面发生干涉。

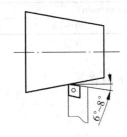

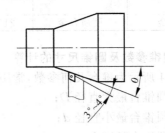

图 5-1　顺锥车削刀具副偏角的选择　　　　图 5-2　逆锥车削的刀具副偏角的选择

3. 切削用量的选择

切削用量的选择在台阶轴的编程与加工项目中已经做了阐述，切削用量三要素是指切削深度 a_P、切削速度 v_c（应用是转换为主轴转速 n、进给速度 f，如图 5-3 所示）。

选择切削用量的目的是在保证零件质量的前提下，在机床和刀具的允许范围内，以最高的生产效率和最低的生产成本完成生产任务。

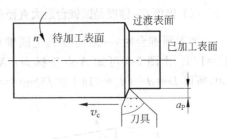

图 5-3　切削参数三要素示意图

1）切削深度 a_P 的确定

在车床、刀具、夹具和零件这一工艺系统刚性允许的情况下，尽可能地选择大切削深度，以减少走刀次数，提高余量去除的效率。

2）切削速度 v_c 的确定（转速 n 的确定）

切削数度是指加工零件时，刀具车削时被加工部位的切削速度，直径的不同切削速度也不同。而主轴的转速是根据切削速度来换算的。其换算公式如下。

$$n = \frac{1000v_c}{\pi d}$$

式中：d 为工件正加工表面或者刀尖所处的直径，mm；n 为主轴的转速，r/min；v_c 为切削速度，m/min。

3）进给速度 f 的确定

进给速度主要指在单位时间里，刀具沿着工件加工的进给方向移动的距离。根据不同进给单位分为两种：进给 F 和转进给 f，其转换公式如下。

$$F = nf$$

式中：f 为转进给量，即主轴旋转一周车刀沿着进给方向移动的距离，mm/r；F 为分进给量，即每一分钟车刀沿着进给方向移动的距离，mm/min。

AL 合金切削参数选择，如表 5-1 所示。

表 5-1　AL 合金切削参数选择参考表

零件材料	刀具材料	a_P/mm			
		0.38~0.13	2.4~0.38	4.7~2.4	9.5~4.7
		f/(mm/r)			
		0.13~0.05	0.38~0.13	0.76~0.38	1.3~0.76
		v_c/(m/min)			
铝合金	硬质合金	215~300	135~215	90~135	60~90

4. 圆锥参数及圆锥尺寸的计算

图 5-4 所示为锥台几何参数,常用的圆锥台参数有如下内容。

(1) 圆锥台最大直径 D;

(2) 圆锥台最小直径 d;

(3) 圆锥台长度 L;

(4) 圆锥半角 $\dfrac{\alpha}{2}$,$\tan\left(\dfrac{\alpha}{2}\right)=\dfrac{D-d}{2L}$;

(5) 锥度 C:锥度是圆锥台最大直径和最小直径差值与圆锥台长度 L 的比值,即 $C=\dfrac{D-d}{L}$。

加工圆锥台时,一般需要确定圆锥台起点和终点的坐标值,如图 5-4 所示,其中锥度 $C=1/5$。由图 5-5 可知 A 点坐标为:$X=16$,$Z=-20$,因为 $C=(D-d)/L=50-20=30$,所以 $D=d+CL=(16+30/5)\text{mm}=22\text{mm}$,因此,$B$ 点坐标为 $X=22$,$Z=-50$。

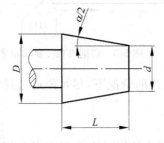 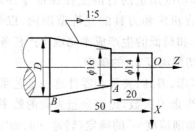

图 5-4　锥台几何参数　　　　　图 5-5　圆锥计算实例

5. 锥轴的车削方法

下面以顺锥为例分析圆锥的加工路线。

假设圆锥的大径为 D,小径为 d,锥长为 L,车圆锥的加工路线如图 5-6 所示。按图 5-6(a) 的阶梯切削路线,二刀粗车,最后一刀精车。二刀粗车的终刀距 S 要精确计算,由相似三角形得:

$$\frac{\dfrac{D-d}{2}}{L}=\frac{\left(\dfrac{D-d}{2}\right)-a_P}{S},\quad S=\frac{L\left(\dfrac{D-d}{2}-a_P\right)}{\dfrac{D-d}{2}}$$

按此种加工路线粗车时,刀具背吃刀量相同,但精车背吃刀量不同,刀具切削运动的路线最短。

按图 5-6(b)的相似斜线切削路线,也需计算粗车时终刀距 S,同样由相似三角形可计算得:

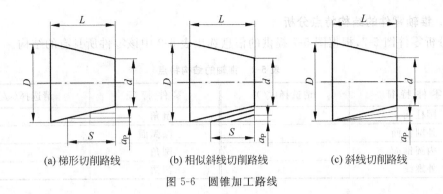

(a) 梯形切削路线　　(b) 相似斜线切削路线　　(c) 斜线切削路线

图 5-6　圆锥加工路线

$$\frac{\frac{D-d}{2}}{L}=\frac{a_{\mathrm{P}}}{S},\quad S=\frac{L\times a_{\mathrm{P}}}{\frac{D-d}{2}}$$

按此种加工路线，刀具切削运动的距离较短。

按图 5-6(c)的斜线切削路线，只需确定每次背吃刀量，而不需计算终刀距，编程方便。但在每次切削中背吃刀量是变化的，且刀具切削运动的路线较长。

 任务实施

图 5-7 所示为锥轴零件图，根据该图完成以下任务。

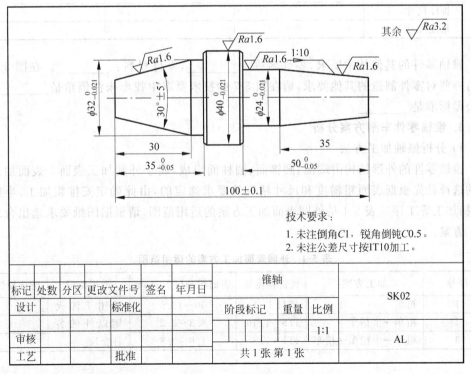

图 5-7　锥轴零件图

1. 锥轴零件的结构特点分析

分析零件图5 7,根据图5-7提供的信息选出表5-2中该零件所具有的结构。

表5-2 锥轴的结构特点

零 件 特 征	请选择(√)	零件特征	请选择(√)
圆柱面		倒角	
外圆锥面		圆弧面	
内圆锥面		圆角	
外螺纹		沟槽	

2. 锥轴零件的加工精度分析

锥轴零件的加工精度主要包括尺寸精度、形状精度和位置精度,请根据锥轴零件图5-7,将锥轴的尺寸精度和表面质量要求填写在表5-3中。

表5-3 锥轴零件加工精度

类 别	尺 寸 值	尺寸精度要求	表面粗糙度
长度尺寸			
直径尺寸			
锥度尺寸			
角度尺寸			

锥轴零件的其他技术要求,零件名称:_____,零件材料:_____。在图5-7中还有一些对零件制造的其他要求,请在图5-7的技术要求中找出未注倒角是_____,未注公差标准是_____。

3. 锥轴零件车削方案分析

1)分析锥轴加工方法

锥轴零件的外形结构由端面、圆锥面、圆柱面组成,属于外圆加工表面。表面加工方法的选择是先根据表面粗糙度和尺寸精度的要求选定的,由此确定安排粗加工、半精加工、精加工等工序。表5-4是外圆表面加工方案的适用范围,请根据图纸要求选出合理的加工方案。

表5-4 外圆表面加工方案的适用范围

序号	加工方案	经济精度级	表面粗糙度 $Ra/\mu m$	适用范围	请选择(√)
1	粗车	IT11 以下	50~12.5	适用于淬火钢以外的各种金属	
2	粗车→半精车	IT8~IT10	6.3~3.2		
3	粗车→半精车→精车	IT7~IT8	1.6~0.8		

2）确定锥轴的加工工序

根据锥轴的结构特点，左端是大圆锥和短圆柱轴段，右端是长圆锥和长圆柱轴段，故而无法在一次装夹中完成加工。所以在完成一端后，需要调头加工，即安排两道工序，而右端的大圆柱面可以作为调头加工时的装夹面，所以确定如表 5-5 所示锥轴数控车削方案。

表 5-5　锥轴数控车削方案

工序	加 工 简 图	工 序 内 容
1		（1）三爪卡盘装夹零件，粗车、半精车锥轴 $\phi24$mm、$\phi40$mm 外圆和锥度 1∶10 的外圆锥 （2）精车锥轴 $\phi40$mm、$\phi24$mm 外圆和锥度为 1∶10 的外圆锥，保证精度
2		（1）调头，三爪卡盘夹持 $\phi24$mm 外圆，保证零件总长 （2）粗车、半精车锥轴 $\phi32$mm 外圆和 30°圆锥 （3）精车锥轴 $\phi32$mm 外圆和 30°圆锥，保证精度

4. 刀具的选择

不同的零件结构需要选用不同的切削刀具，而不同的切削刀具将会影响零件的生产效率和质量，选择表 5-6 中锥轴加工的切削刀具。

表 5-6　数控加工刀具选择

实训项目			零件名称			零件图号		
序号	刀具号	刀具名称	刀片规格	数量	加工表面	数量		备注
1								
2								

5. 切削用量的选择

根据所选择的刀具、机床、材料，参考表 5-1 AL 合金切削参数选择参考表，确定锥轴的切削深度 a_P、主轴转速 n 和进给速度 f，填表 5-7。

表 5-7　切削参数确定表

项目	a_P/mm	n/(r/min)	f/(mm/r)
粗车			
精车			

6. 数控加工工艺方案卡片的编制

通过对锥轴零件的系列分析，完成对表 5-8 中锥轴零件数控加工工艺方案卡片的填写。

表 5-8　数控加工工艺方案卡片

实训项目			零件图号		系统		材料	
装夹定位简图								
程序名称			G 功能	T 刀具	切削用量			
					转速 S/(r/min)	进给速度 F/(mm/r)	背吃刀量 a_p/mm	
工序号	工步	工步内容						

任务二　锥轴的加工程序编制

知识链接

数控车削加工中，为了保护和延长车削刀具的使用寿命，刀具的刀尖部分总有一个圆弧过渡，称为刀尖圆弧，如图 5-8 所示。有了刀尖圆弧的存在，刀具切削工件轮廓表面时的实际接触点是刀尖圆弧和轮廓表面的切点，如图 5-9 所示。

图 5-8　假想刀尖与圆弧过渡刃

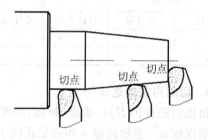

图 5-9　刀具车削接触点示意图

在车外圆、端面时，刀具实际切削刃的轨迹与零件轮廓一致并无误差产生。但是在车削内外圆锥面、圆弧、曲线时，受刀尖圆弧的影响就会出现欠切误差，如图 5-10 所示。若零件精度要求不高或留有精加工余量，可忽略此误差，否则应考虑刀尖圆弧半径对零件形状的影响。

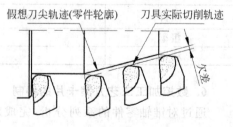

图 5-10　车圆锥产生的误差示意图

1. 刀尖圆弧半径补偿

1）刀尖圆弧半径补偿概念

在锥加工过程中，为了减少和避免刀具圆弧对零件轮廓的尺寸精度影响，就需要对加工中产生的误差进行补偿加工。这种对刀具圆弧半径引起的误差进行补偿的方法称为刀具半径补偿，一般数控系统中均具有刀具半径补偿功能。

2）刀具半径的补偿方法

刀具半径补偿的方法是在加工前，通过机床数控系统的操作面板向系统存储器中输入刀具半径补偿的相关参数：刀尖圆弧半径 R 和刀尖方位 T。

编程时按零件轮廓编程，并在程序中采用刀具半径补偿指令。当系统执行程序中的半径补偿指令时，数控装置读取存储器中相应刀具号的半径补偿参数，刀具自动沿刀尖方位 T 方向，偏离零件轮廓一个刀尖圆弧半径值 R，如图 5-11 所示，刀具按刀尖圆弧圆心轨迹运动，加工处所要求的零件轮廓。

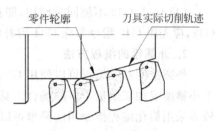

图 5-11 刀具半径补偿示意图

3）刀具半径补偿参数及设置

刀尖半径补偿刀尖圆弧半径大小后，刀具自动偏离零件轮廓半径距离。因此，必须将刀尖圆弧半径尺寸值输入系统的存储器中。一般粗加工取 0.8mm，半精加工取 0.4mm，精加工取 0.2mm。若粗、精加工采用同一把刀，一般刀尖半径取 0.4mm。

车刀形状和位置车刀形状不同，决定了刀尖圆弧所处的位置不同，执行刀具补偿时，刀具自动偏离零件轮廓的方向也就不同。因此，也要把代表车刀形状和位置的参数输入存储器中。车刀形状和位置参数称为刀尖方位 T。如图 5-12（前置刀架）所示，共 9 种，分别用参数 0～9 表示，P 为理论刀尖点。常用刀尖方位 T，外圆右偏刀 $T=3$，镗孔右偏刀 $T=2$。

4）刀具半径补偿指令：G41、G42、G40

如图 5-13 所示，顺着刀具运动方向看，零件在刀具的左边称左补偿，使用 G41 左补偿指令；零件在刀具的右边称右补偿，使用 G42 右补偿指令（若为后置刀架则情况刚好相反）；G40 为取消刀具半径补偿指令，使用该指令后，G41 或 G42 指令失效，即假想刀尖轨迹与编程轨迹重合。

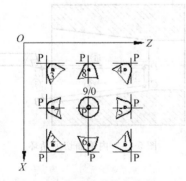

图 5-12 车刀的形状和位置

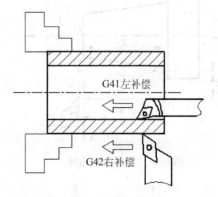

图 5-13 刀具半径补偿

$$指令格式: \left.\begin{matrix} G41 \\ G42 \\ G40 \end{matrix}\right\} G01/G00 \ X(U)\underline{\quad} \ Z(W)\underline{\quad} \ F\underline{\quad};$$

参数说明:

(1) X(U)、Z(W)为刀补建立(G41、G42)或取消(G40)过程中刀具移动的终点坐标。

(2) G41、G42、G40指令应与G01、G00指令在同一程序段出现,通过直线运动建立或取消刀补。

(3) G41、G42、G40为模态指令。

(4) G41、G42不能同时使用,即在程序中,前面程序段有了G41后,就不能接着使用G42,应先用G40指令解除G41刀补状态后,才可以使用G42刀补指令。

2. 外圆锥的编程方法

外圆锥的基本编程可以使用G00、G01等基本插补指令,但编写较为烦琐,适用于加工小锥度或加工余量不多的场合。具体用法可参照本书项目一相关内容,对于加工余量较多采用简化编程指令用法简单可以大大缩短程序长度和编程时间,提高编程效率,这就是循环指令的功能。下面重点讲解G90锥度循环指令。G71也可用于内逆锥、外顺圆锥的编程,相关指令的用法详见项目四相关编程知识内容。

G80内外圆锥切削单一固定循环

指令格式:G80 X(U)\underline{\quad} Z(W)\underline{\quad} I\underline{\quad} F\underline{\quad};

参数说明:

(1) X、Z为外圆切削终点(C点)的绝对坐标值;

(2) U、W为外圆切削终点(C点)相对于循环起点(A)的增量坐标值;

(3) F为切削进给量,mm/min或mm/r;

(4) R为车圆锥时切削起点 B 与终点 C 的半径差值。该值有正负号,若 B 点半径值小于 C 点半径值,如图 5-14 所示,R 取负值;反之,R 取正值。

G80指令完成如图 5-14 所示①→②→③→④路径的循环操作。①、④动作刀具快速移动,②、④动作刀具直线切削。

功能:用于外圆锥面(见图 5-14)或内锥面(见图 5-15)毛坯余量较大的零件粗车。

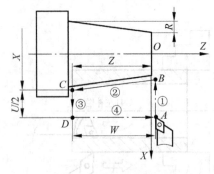

图 5-14 锥面切削循环

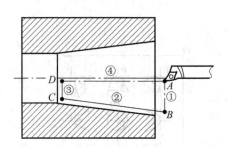

图 5-15 内锥面切削循环

说明：G80 指令及指令中的各参数均为模态值，循环起点（A 点）应距离零件端面 1～2mm。

应用举例：图 5-16 所示零件，用 φ40×60 的棒料毛坯，加工零件的锥面，试编写加工程序。

数值计算：

$$R=(X_{起}-X_{终})/2=(20-30)/2=-5(mm)$$

选择刀具：选硬质合金 90°的偏刀，刀尖半径 $R=0.4$mm，刀尖方位 $T=3$，置于 T01 刀位。

确定切削用量：如表 5-9 所示。

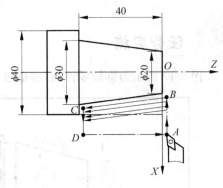

图 5-16 圆锥加工实例

表 5-9 图 5-16 所示零件的切削用量

加工内容	背吃刀量 a_P/mm	进给量 f/(mm/r)	主轴转速 n/(min/r)
粗车锥面	≤2.5	0.2	500
精车锥面	0.25	0.1	800

圆锥加工程序如下（G90）。

```
N10   G40 G95 M03 S500        //取消刀补,主轴正转 500r/min, 设定为每转进给方式
N20   T0101;                  //换 1 号外圆刀,执行 01 号刀补
N30   M08                     //开启冷却液
N40   G42 X45  Z0.5;          //快速定位至循环起点
N50   G80  X41  Z-40 I-5  F0.2;  //锥面切削循环第一次
N60   X37 Z-40 I-5;           //锥面切削循环第二次
N70   X33 Z-40 I-5;           //锥面切削循环第三次
N80   X30.5 Z-40 I-5;         //锥面切削循环第四次
N90   G00 X20 Z2;             //快速定位至精车起点附近
N100  G01 Z0 S800;            //慢速进刀至精加工起点,主轴升速至 800r/min
N110  X30 Z-40 F0.1;          //切削锥面至尺寸要求
N120  X40                     //车台阶面
N130  G40 G00 X41             //取消刀具半径补偿
N140  G00 X200 Z100           //快速回换刀点
N150  M30;                    //程序结束
```

圆锥加工程序如下（G71）。

```
N10   G40 G95 M03 S500           //取消刀补,主轴正转 500r/min, 设定为每转进给方式
N20   T0101;                     //换 1 号外圆刀,执行 01 号刀补
N30   M08                        //开启冷却液
N40   G42 X45  Z0.5;             //快速定位至循环起点
N50   G71 U1.5 R0.5 P60 Q90 X0.4 Z0.1 F0.1;  //粗切量 1.5mm 精切量: X0.4mm Z0.1mm
N60   G01 X0 F0.1 S800;          //精加工轮廓起始行,主轴升速至 800r/min
N70   X20;                       //精加工端面
N80   X30 Z-40;                  //精加工外圆锥面
N90   X40;                       //车台阶面
N100  G40 G00 X45;               //取消刀具半径补偿
N110  G00 X100 Z100;             //快速回换刀点
N120  M30;                       //程序结束
```

任务实施

图 5-17 所示为锥轴零件图，根据该图完成下列任务。

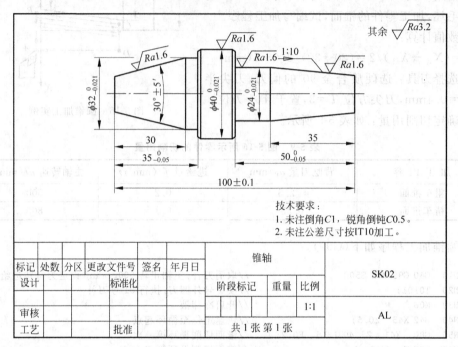

图 5-17　锥轴零件图

技术要求:
1. 未注倒角C1，锐角倒钝C0.5。
2. 未注公差尺寸按IT10加工。

标记	处数	分区	更改文件号	签名	年月日	锥轴			
设计			标准化			阶段标记	重量	比例	SK02
审核								1:1	AL
工艺			批准			共1张 第1张			

(1) 锥轴零件的轮廓要素中，圆锥部分的主要几何参数如下。

① 圆锥台最大直径 D;

② 圆锥台最小直径 d;

③ 圆锥台长度 L;

④ 圆锥半角 $\dfrac{\alpha}{2}$，$\tan\left(\dfrac{\alpha}{2}\right)=\dfrac{D-d}{2L}$;

⑤ 锥度 C: 锥度是圆锥台最大直径和最小直径差值与圆锥台长度 L 的比值，即 $C=\dfrac{D-d}{L}$。

根据表 5-10 中的各圆锥零件图和几何参数，分别计算 d、L、D、C 四项圆锥参数。

表 5-10　圆锥几何参数计算

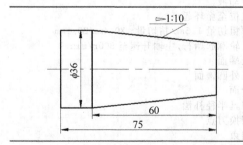

请计算圆锥台最小直径 d:

续表

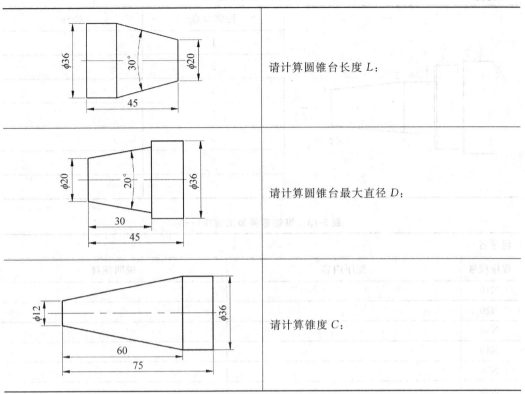

	请计算圆锥台长度 L：
	请计算圆锥台最大直径 D：
	请计算锥度 C：

（2）车刀形状和位置车刀形状不同，决定了刀尖圆弧所处的位置不同，执行刀具补偿时，刀具自动偏离零件轮廓的方向也就不同。根据刀位表 5-11 来判断以下车刀各属于几号刀位。

表 5-11　常见车刀刀位点

外 圆 车 刀	尖头仿行车刀	镗 孔 车 刀	球 头 车 刀	反偏外圆车刀
号刀位	号刀位	号刀位	号刀位	号刀位

（3）经过了对锥轴零件车削工艺的详细分析以及基本编程指令的学习，根据锥轴零件的零件图 5-16 和所编写的加工工艺文件，分析与完成零件的轮廓节点坐标，并编写与所使用的数控系统相匹配的加工程序，完成表 5-12～表 5-15 的填写。

表 5-12　锥轴零件节点坐标（一）

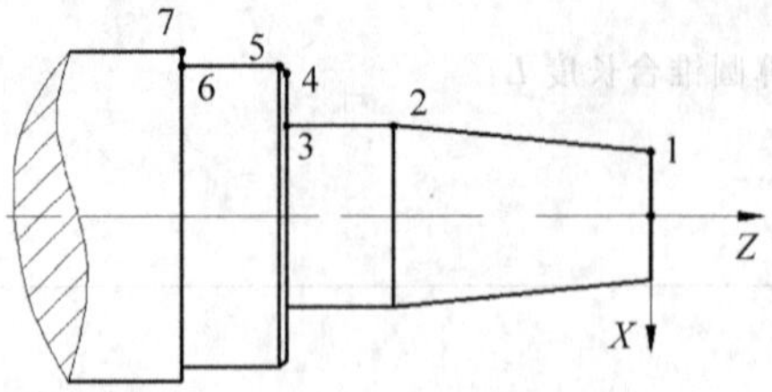

轮廓节点	坐标
1	
2	
3	
4	
5	
6	
7	

表 5-13　锥轴零件加工程序（一）

程序名

程序段号	程序内容	说明注释
N10		
N20		
N30		
N40		
N50		
N60		
N70		
N80		
N90		
N100		
N110		
N120		
N130		
N140		
N150		

表 5-14　锥轴零件节点坐标（二）

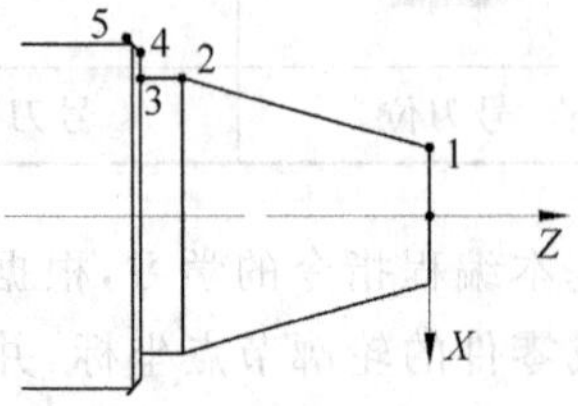

轮廓节点	坐标
1	
2	
3	
4	
5	

表 5-15 锥轴零件加工程序（二）

程序名		
程序段号	程序内容	说明注释
N10		
N20		
N30		
N40		
N50		
N60		
N70		
N80		
N90		
N100		
N110		
N120		
N130		
N140		
N150		
N160		
N170		
N180		

任务三 锥轴的车削加工与尺寸检测

 知识链接

锥轴零件的车削与台阶轴相比，不仅要保证零件的直径和长度尺寸，同时要保证零件锥度的一些技术要求，比如锥度问题、车削过程中的干涉现象等。所以在自动运行程序之前有着很多的准备工作和严格的执行标准，而这些是保证锥轴零件尺寸精度要求的前提。

1. 数控车削操作作业指导书

数控车床的自动运行加工，有着严格的操作标准和要求，而作业指导书作为重要的生产指导文件，是工作过程中的指导性文件。如表 5-16 所示为锥轴数控车削操作作业指导书。

表 5-16 锥轴数控车削操作作业指导书

锥轴车削操作作业指导书

零件名称	锥轴			
加工设备	CAK4085si 型数控车			
控制系统	HNC-21T			
作业示意图	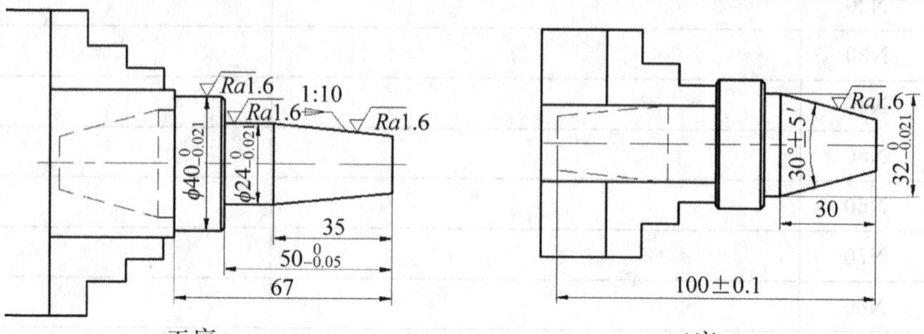 工序一　　　　　　　　　　工序二			
作业流程	安全注意事项：作业过程中严格执行安全文明生产要求和机床安全操作规程 作业顺序： 1. 按要求检查机床是否符合安全运行要求，参照"数控车床检查表"进行自检，符合要求后，可以使设备投入正常运转 2. 准备好加工过程所需的工具、刀具和量具 3. 根据工序一，装夹零件毛坯，伸出所需的长度（大于本工序的有效加工长度） 4. 安装加工刀具：T0101 5. 对刀操作，建立零件加工坐标系 6. 编辑和调用加工程序，自动模式锁住机床进行模拟校验 7. 自动执行粗精加工，开始时单段执行，确保正常后，关闭单段，连续执行 8. 粗车后，测量和进行刀补值的修整，保证尺寸精度 9. 拆下零件，根据工序二调头装夹，保证零件总长度尺寸 10. 建立新的零件加工坐标系 11. 调用加工程序，自动执行粗精加工 12. 加工完毕后，拆下零件进行自检和尺寸分析			
质量检查内容	检查项目		使用量具	
	外圆直径		外径千分尺	
	锥轴长度		机械游标卡尺	
	表面粗糙度		粗糙度对照板	
	外观质量		目测	
	锥度		角度尺	
毛坯材料	AL	毛坯规格	$\phi 42 \times 102$mm	毛坯数量/件	1
装夹夹具	三爪自定心卡盘			
切削刀具	90°外圆车刀			
量具	0～125mm 游标卡尺、0～25mm 千分尺、25～50mm 千分尺			

2. 圆锥加工误差分析

根据圆锥体形成的原理可知，圆锥母线是一条直线。如果用一个平行并离开圆锥轴线的剖切平面将圆锥体剖开，其剖面的外形则是双曲线，如果在车削圆锥时，车刀刀尖未与车床主轴轴线等高，则圆锥表面均会产生双曲线误差，如图 5-18(a)、(b)所示，该误差是不可能通过简单的修改加工程序(调整锥度大小)消除的,最好的解决办法就是调整车刀的装夹高度,使其刀尖严格对准车床主轴的旋转中心。

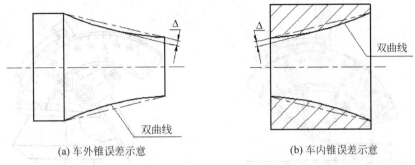

(a) 车外锥误差示意　　　　　　　　(b) 车内锥误差示意

图 5-18　圆锥表面的双曲线误差

圆锥加工常见的误差情况分析如表 5-17 所示。

表 5-17　锥面加工误差分析

问 题 现 象	产 生 原 因	预 防 和 消 除
锥度不符合要求	程序错误 工件装夹不正确	检查、修改加工程序 检查工件安装、增加安装刚度
锥面径向尺寸不符合要求	刀具磨损 没考虑刀尖圆弧半径补偿	即时更换磨损大的刀具 编程时考虑刀具圆弧半径补偿
切削过程出现干涉现象	工件斜度大于刀具后角	选择正确刀具 改变切削方式

3. 刀具半径补偿的高级应用

(1) 当刀具磨损或刀具重磨后,刀尖圆弧半径变大,只需重新设置刀尖圆弧半径的补偿量,而不必修改程序。

(2) 应用刀具半径补偿,可使用同一加工程序,对零件轮廓分别进行粗精加工。若精加工余量为 Δ,则粗加工时设置补偿量为 $r+\Delta$;精加工时设置补偿量为 r 即可。

4. 圆锥的检验

常用以下两种方法测量锥面角度。

(1) 用锥形规。锥形套规用于测量外锥面,锥形塞规用于测量内锥面。如图 5-19 所示。测量时先在套规或内外锥面上涂上显示剂,再与被测锥面配合,转动量规,拿出量规观察显示剂的变化,如果显示剂摩擦均匀,说明圆锥接触良好,锥角正确;如果套规的小端擦着而大端没有擦着,说明圆锥角小了。

图 5-19　锥形套赛规测量圆锥示意图

（2）万能游标量角器测量。用万能游标量角器测量工件角度范围大，测量精度为 $5' \sim 2'$，一般用于零件精度要求不高的情况，如图 5-20 和图 5-21 所示。

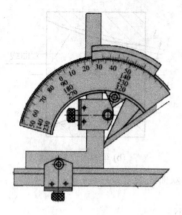
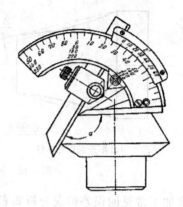

图 5-20 万能角度尺   图 5-21 外能角度尺测量圆锥示意图

 任务实施

在数控车床执行自动加工程序之前，需要完成设备、材料、工具、刀具和量具等各项准备工作，参考标准作业指导书完成锥轴的数控车削加工任务。

1. 设备、工量具和刀具的准备

（1）检查机床是否符合运行要求，并记录在检查表 5-18 中。

表 5-18 机床状态检查表

检 查 部 位	检 查 方 法	判 断 依 据	检 查 结 果
机床润滑油	目测、手动供油操作	润滑油液面足够、油泵供油正常	
电柜风扇	目测、耳听	风扇工作正常、有风	
机床主轴	目测、耳听	转速正常、声音正常	
机床移动部件	目测、耳听	机床部件移动轻便、平滑	

（2）根据工量刀具准备清单完成表 5-19。

表 5-19 工量刀具清单

名　　称	规格（型号）	数　　量
毛坯		
外圆车刀		
游标卡尺		
千分尺		
角度尺		
圆锥套规		

2. 安装零件毛坯

按照表5-5中工序一加工内容，装夹毛坯，毛坯伸出长度为_____。

提示：毛坯安装要夹牢，卡盘钥匙要放好。

3. 安装切削刀具

按图5-22所示，在1号刀位位置上安装外圆车刀。安装车刀时，刀具中心与主轴轴心要_____（略高、等高、略低）。如果车削出来的零件圆锥部分有双曲线误差，那么原因是_____。车刀边沿与刀架边沿要_____。刀具伸出刀架的长度_____1.5倍的刀杆厚度（不小于、等于、不大于）。

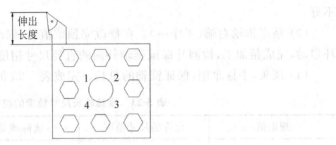

图5-22 外圆车刀安装示意图

4. 建立工件坐标系

用试切法对刀完成锥轴的坐标系设定，并检验坐标系。在系统中对应的位置输入外圆车刀的刀位点是_____号，车刀刀尖圆弧是_____。根据试切法对刀操作步骤，完成表5-20。

表5-20 试切法对刀的操作步骤

操 作 步 骤	记 录 操 作
1. MDI模式启动主轴正转	主轴转速： r/min
2. Z方向对刀，手摇试切端面，沿X方向退出	试切长度栏输入：
3. X方向对刀，手摇试切外圆，沿Z方向退出，停止主轴	测量已切外圆直径： mm 试切直径栏输入：
4. 输入刀尖圆弧R值和刀位点T值	R： mm，T：

5. 锥轴的数控车削

（1）根据粗车锥轴的右端（工序一）的操作步骤，完成表5-21。

表5-21 粗精车锥轴右端（工序一）的操作步骤

操 作 步 骤	记 录 操 作
1. 调取粗车加工程序	程序名：
2. 留取直径磨损值	X磨损值栏输入：
3. 自动执行锥轴右端粗精车	检查卡盘、刀架扳手已经取下（ ）防护门已经关闭（ ）

（2）外圆尺寸精度的控制（工序一）。锥轴在粗精车后，形成的外圆直径尺寸一般不能符合图纸的要求，通过检测外圆的直径尺寸，对比精度要求，修正磨损值，如表 5-22 所示。

表 5-22　锥轴外圆尺寸精度的控制

理论值	允许的尺寸范围	实际测量值	存在偏差值	预留的磨损值	修正后预留值

利用圆锥套规检测 1：10 圆锥，查看圆锥与锥套接触面情况_____。（良好、一般、不好）

（3）精车锥轴右端（工序一）。在修改完预留值后，修改加工程序成精加工程序，按循环启动，完成精加工，检测并保证锥轴外圆的直径尺寸精度。

（4）调头，手摇车削，保证锥轴的总长。完成表 5-23 的锥轴总长尺寸精度控制。

表 5-23　锥轴总长尺寸精度的控制

理论值	允许的尺寸范围	实际测量值	存在偏差值

（5）粗车锥轴左端（工序二）。锥轴零件，调头车削后，工件伸出卡盘的长度尺寸不一样，坐标原点发生变化，所以 Z 坐标方向需要重新对刀设定，X 方向不需要。参照左端的车削加工过程，完成锥轴右端的粗车。

（6）精车锥轴左端（工序二）。完成表 5-24 的锥轴外圆尺寸精度控制。

表 5-24　锥轴外圆尺寸精度的控制

理论值	允许的尺寸范围	实际测量值	存在偏差值	预留的磨损值	修正后预留值

在修改完预留值后，修改加工程序成精加工程序，按循环启动，完成精加工，检测并保证锥轴外圆的直径尺寸精度。利用万能角度尺检测左端 30°圆锥，是否符合要求，检测的角度为_____。（合格、不合格）

6. 机床的清扫与保养

在完成锥轴零件的加工后，要清扫机床中的切屑，将机床工作台移动至机床尾部（防止机床导轨长时间静止受压发生变形），给机床移动部件和金属裸露表面做好防锈。并做好机床运行记录，清扫工位周边卫生，并完成机床卫生记录表 5-25。

表 5-25　机床卫生记录表

序　号	内　容	要　　求	完成情况记录
1	零件	上交	
2	切削刀具	拆卸、整理、清点、上交	
3	工量具	整理、清洁、清点、上交	

续表

序　号	内　容	要　求	完成情况记录
4	机床刀架、导轨、卡盘	清洁、保养	
5	切屑	清扫	
6	机床外观	清洁	
7	机床电源	关闭	
8	机床运行情况记录本	记录、签字	
9	工位卫生	清扫	
			学生签字：

7. 零件的评价与反馈

（1）根据表 5-26 中的检查项目对锥轴零件进行检测，并做记录。

表 5-26　锥轴零件检测记录表

检验项目及要求	检验量具	学生自测值	教师测定值	结果判定（以教师测定值为准）
外圆 $\phi 24_{-0.021}^{0}$				
外圆 $\phi 40_{-0.021}^{0}$				
外圆 $\phi 32_{-0.021}^{0}$				
长度 $30_{-0.05}^{0}$				
长度 $50_{-0.05}^{0}$				
长度 $100_{-0.1}^{+0.1}$				
长度 35				
长度 30				
锥度 1：10				
角度 30°5′				
表面粗糙度 $Ra1.6$				
工件完成情况分析 工艺及编程改进意见			终结性评价	

（2）请根据表 5-27 中的项目完成对本次学习任务的自我评价。

表 5-27　锥轴零件项目学习情况反馈表

序　号	项　目	学习任务的完成情况	本人签字
1	工作页的填写		
2	独立完成的任务		
3	小组合作完成的任务		
4	教师指导下完成的任务		
5	是否达到了学习目标		
6	存在问题及建议		

项目六　外圆槽的编程与加工

学习目标

(1) 分析外圆槽的加工特点,制订出外圆槽的车削加工工艺方案;

(2) 根据零件图和工艺方案要求,正确地选择和使用车削刀具;

(3) 计算零件图中各个轮廓节点的坐标数值,编写合格的零件车削加工程序;

(4) 遵守机床操作规程,按零件图纸要求车削加工出合格的外圆槽零件;

(5) 正确使用量具进行圆外圆槽尺寸精度的检测和质量分析。

内容结构

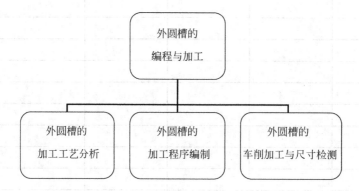

任务一　外圆槽的加工工艺分析

知识链接

外圆槽是通常出现在零件外圆柱面或者外圆锥面上的具有特定形状、宽度和深度一个回转外形轮廓。外圆槽加工是数控车削加工中一个重要的组成部分,外圆槽加工的难度通常不大,要认真分析外圆槽的形状、在零件上的位置以及外圆槽的尺寸和公差。

1. 槽的种类

根据槽的宽度不同,可以分为窄槽与宽槽两种。

(1) 窄槽:槽的宽度不大,切槽刀切削过程中不沿 Z 向移动,车出的槽一般叫作窄槽。

(2) 宽槽:槽宽度大于切槽刀宽度,切槽刀切削过程中需要沿 Z 向移动,才能切出的槽一般叫作宽槽。

2．槽的加工方法

（1）窄浅槽的加工方法：加工窄而浅的槽一般用 G01 指令直进切削即可。若精度要求较高时，可在槽底用 G04 指令使刀具停留几秒钟，以光整槽底，如图 6-1 所示。

（2）窄深槽或切断的加工方法：窄而深的槽或切断的加工一般用 G75 切槽循环。

（3）宽槽的加工方法：宽槽的加工一般也用 G75 切槽循环，如图 6-2 所示。

3．刀具的选择及刀位点的确定

切槽加工选用的是槽加工刀具，如图 6-3 所示。选择切槽刀具时，要根据槽的宽度和深度来选择切槽刀具，确定刀具的有效切宽和有效切深。

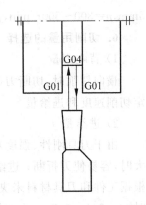

图 6-1　窄槽加工方法示意图

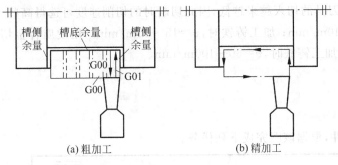

(a) 粗加工　　　　(b) 精加工

图 6-2　宽槽加工方法示意图

图 6-3　外圆切槽车刀

切槽及切断车刀一般有 3 个刀位点，即左刀位点、右刀位点和中心刀位点，如图 6-4 所示。编程时一般选择左刀位点。

4．切断刀（外槽刀）的安装

（1）切断刀一定要垂直于工件的轴线，刀体不能倾斜，以免副后刀面与工件摩擦。

（2）刀体不宜伸出过长，一般大于切削深度 2～3mm。同时主切削刃要与工件回转中心等高（或略高出工件回转中心 0.01 倍的工件外径），否则在切断实心工件时，不能切刀中心，而且容易折断刀具。

（3）刀体底面如果不平，会引起两侧工作副后角的变化。因此，刃磨前，应把刀具底面磨平，刃磨后，用角尺或钢尺检查两侧副后角的大小。

图 6-4　切槽刀的刀位点

5．切槽与切断编程注意事项

车槽及切断加工中很容易由于切削参数选择不当或刀具、工件装夹问题造成刀体折断，因此在加工中要十分注意。

（1）为避免刀具与零件的碰撞，刀具切完槽后退刀时应先沿 X 方向退到安全位置，然后再回换刀点。

（2）切槽时，刀刃宽度、主轴转速 n 和进给速度 f 都不宜太大；否则刀具所受切削力太大，影响刀具寿命。一般刀刃宽度在 3～

$5\text{mm}, n=300\sim500\text{r/min}, f=0.04\sim0.06\text{mm/r}$。

6. 切削用量的选择

1）背吃刀量

横向切削时，切断刀（槽刀）的背吃刀量等于刀的主切削刃宽度（$a_P=a$），所以只需确定切削速度和进给量。

2）进给量 f

由于刀具刚性、强度及散热条件比其他车刀低，所以应适当地减小进给量。进给量太大时，容易使刀折断；进给量太小时，刀后面与工件产生强烈摩擦会引起振动。具体数值根据工件和刀具材料来决定。一般用高速钢切刀车钢料时，$f=0.05\sim0.1\text{mm/r}$；车铸铁时，$f=0.1\sim0.2\text{mm/r}$。用硬质合金刀加工钢料时，$f=0.1\sim0.2\text{mm/r}$；加工铸铁料时，$f=0.15\sim0.25\text{mm/r}$。

3）切削速度 v

切断时的实际切削速度随刀具的切入越来越低，因此切断时的切削速度可选得高些。用高速钢切削钢料时，$v=30\sim40\text{m/min}$；加工铸铁时，$v=15\sim25\text{m/min}$。用硬质合金切削钢料时，$v=80\sim120\text{m/min}$；加工铸铁时，$v=60\sim100\text{m/min}$。

 任务实施

图 6-5 所示为外圆槽轴零件，根据该图完成下列任务。

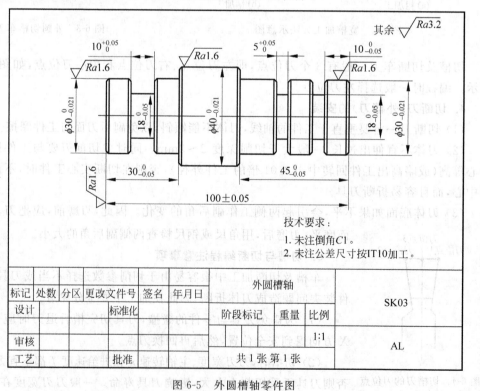

图 6-5 外圆槽轴零件图

1. 外圆槽轴零件的结构特点分析

分析零件图 6-5，根据图 6-5 提供的信息选出表 6-1 中该零件所具有的结构。

表 6-1　外圆槽轴的结构特点

零件特征	请选择(√)	零件特征	请选择(√)
圆柱面		倒角	
外圆锥面		圆弧面	
内圆锥面		圆角	
外螺纹		沟槽	

2. 外圆槽轴零件的加工精度分析

外圆槽轴零件的加工精度主要包括尺寸精度、形状精度和位置精度，请根据零件图 6-5，将外圆槽轴的尺寸精度和表面质量要求填写在表 6-2 中。

表 6-2　外圆槽轴零件加工精度

类　别	尺　寸　值	尺寸精度要求	表面粗糙度
长度尺寸			
直径尺寸			
宽度尺寸			

外圆槽轴零件的其他技术要求，零件名称：_____，零件材料：_____。在图 6-5 中还有一些对零件制造的其他要求，请在图 6-5 的技术要求中找出未注倒角是_____，未注公差标准是_____。

3. 外圆槽轴零件车削方案分析

1) 分析外圆槽轴加工方法

外圆槽轴零件的外形结构由端面、圆柱面和外圆槽组成，属于外圆加工表面。表面加工方法的选择根据零件外形轮廓和尺寸精度的要求选定，分别由外圆车刀、切槽刀具进行粗精加工。

2) 确定外圆槽轴的加工工序

根据零件的结构特点，右端是一个阶梯和两个外圆窄槽，左端是一个阶梯和一个外圆宽槽，故而无法在一次装夹中完成加工。所以在完成一端后，需要调头加工，即安排两道工序,而左右两端均有光整外圆可以供调头加工时装夹用,所以外圆槽轴零件不管先加工哪一端都可以。

请参考项目四或者项目五中的数控车削方案完成表 6-3 所示的外圆槽轴数控车削方案。

表 6-3　外圆槽轴数控车削方案

工序	加 工 简 图	工 序 内 容
1		(1) 三爪卡盘装夹零件,粗、半精车零件 $\phi30mm$、$\phi40mm$ 外圆 (2) 精车 $\phi30mm$,$\phi40mm$ 外圆,保证精度 (3) 外圆槽刀粗精车 $\phi18\times5mm$ 外圆直槽,保证槽的深度和宽度
2		(1) 调头,三爪卡盘夹持 $\phi30mm$ 外圆,保证零件总长 (2) 粗车、半精车外圆槽轴 $\phi30mm$ 外圆 (3) 精车外圆槽轴 $\phi30mm$ 外圆,保证精度 (4) 外圆槽刀粗精车 $\phi18\times5mm$ 外圆直槽,保证槽的深度和宽度

4. 刀具的选择

不同的零件结构需要选用不同的切削刀具,而不同的切削刀具将会影响零件的生产效率和质量,选择表 6-4 中的外圆槽轴加工的切削刀具。

表 6-4　数控加工刀具选择

实训项目			零件名称			零件图号	
序号	刀具号	刀具名称	刀片规格	数量	加工表面	数量	备注
1							
2							
3							

5. 切削用量的选择

根据所选择的刀具、机床、材料,确定表 6-5 中的外圆槽轴的切削深度 a_P、主轴转速 n 和进给速度 f。

表 6-5　切削参数确定表

加 工 项 目	加 工 方 式	a_P/mm	$n/(r/min)$	$f/(mm/r)$
外圆	粗车			
	精车			
外圆槽	粗车			
	精车			

6. 数控加工工艺方案卡片的编制

通过对外圆槽轴零件的系列分析，完成对表 6-6 外圆槽轴零件数控加工工艺方案卡片的填写。

表 6-6　数控加工工艺方案卡片

实训项目			零件图号		系统		材料	
装夹定位简图								
程序名称			G 功能	T 刀具	切削用量			
					转速 S/(r/min)	进给速度 F/(mm/r)	背吃刀量 a_P/mm	
工序号	工步	工步内容						

任务二　外圆槽的加工程序编制

知识链接

数控车削加工中，外圆槽的车削是采用切槽刀具，在刀具刀位点上与外圆刀有不同。外圆车刀只有一个刀尖，而切槽刀具有两个刀尖，如图 6-6 所示。那么在编写加工程序的对于切槽刀刀尖需要做一个选择，所以在考虑后续对刀操作的方便，将左刀尖 1 作为编程和对刀的参考刀尖，并将刀具宽度考虑在编程中，如图 6-7 所示。

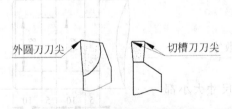

图 6-6　外圆刀和槽刀刀尖对比

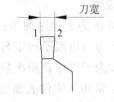

图 6-7　切槽刀刀尖结构示意图

车削外圆槽时由于槽的不同宽度、个数等，加工程序、所使用的加工指令等也不一样。

1. 进给暂停指令 G04

指令格式：G04 X __/P __；(X、P 为暂停时间)

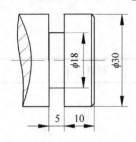

图 6-8 外圆窄槽

参数说明：

X 后面可用带小数点的数，单位为秒(s)，如 G04 X2.5 表示前道程序执行完后，要经过 2.5s 的进给暂停，才能执行下面的程序段；P 后面不允许有小数点，单位为毫秒(ms)，如 G04 P2000 表示暂停 2s。

功能：常用于车槽、锪孔等零件底部无进给光整加工，以提高零件表面质量。

应用举例：应用 G00、G01 指令加工如图 6-8 所示的窄槽零件，并要求槽刀做槽底暂停 2S(槽刀宽 4mm)。

外圆窄槽加工程序如下。

```
%1;
N10  T0202  G99;              //换 2 号外圆刀,执行 02 号刀补,设定为每转进给方式
N20  M03  S600;               //主轴正转,600r/min
N30  G00  X32  Z1  M08;       //快速定位至加工起点,开启冷却液
N40  G01  Z-14  F0.1;         //走刀至槽加工切削起点(考虑刀宽 4mm)
N50  X18;                     //切削外圆槽至槽底直径 φ18
N60  G04  X2;                 //刀具槽底暂停 2s
N70  G00  X32;                //快速退刀定位至 φ32
N80  Z-15;                    //快速定位至下一切削起点
N90  G01  X18;                //车削外圆槽至槽底直径 φ18
N100 G04  X2;                 //刀具槽底暂停 2s
N110 W0.5;                    //槽刀左刀尖离开左端面
N120 G00  X100 ;              //快速退刀至 X100
N130 Z100;                    //快速退刀至 Z100
N140 M30                      //程序结束
```

2. 子程序指令 M99、M98

指令格式：M98 PXXXX LXX；
　　　　　 M99；

参数说明：

(1) M98 为子程序调用；

(2) P 为后边跟子程序名，一般为 4 个数字；

(3) L 为子程序调用次数。

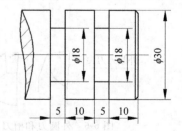

图 6-9 外圆双窄槽

功能：常用于零件表面有若干个形状、尺寸大小都一样，且位置关系一致的外圆槽加工。

应用举例：应用 M98、M99 指令加工如图 6-9 所示的窄槽零件，并要求槽刀做槽底暂停 2s(槽刀宽 4mm)。

外圆双窄槽加工程序如下。

```
%1;                            //窄槽加工主程序
N10  T0202  G99;               //换2号外圆刀,执行02号刀补,设定为每转进给方式
N20  M03  S600;                //主轴正转,600r/min
N30  G00  X32  Z1  M08;        //快速定位至加工起点,开启冷却液
N40  G01 Z0 F0.1;              //走刀至子程序调用起点
N50  M98 P2L2;                 //调用子程序 %2两次
N60  G00 X100;                 //快速退刀至X100
N70  Z100;                     //快速退刀至Z100
N80  M30;                      //程序结束


%2;                            //窄槽加工子程序
N10 G01 W-14;                  //增量移动方式,刀具左刀尖往坐标负方向移动14mm
N20 G01 X18 F0.1;              //车削外圆槽至槽底直径φ18
N30 G04 X2;                    //刀具槽底暂停2s
N40 G00 X32;                   //快速退刀定位至φ32
N50 W-1 ;                      //快速往Z坐标负方向移动1mm
N60 G01 X18 F0,1;              //车削外圆槽至槽底直径φ18
N70 G04 X2;                    //刀具槽底暂停2s
N80 W0.5;                      //槽刀左刀尖离开左端面
N90 G00 X32 ;                  //快速退刀至X32
N100 M99;                      //返回主程序
```

3. 切槽循环指令 G75

指令格式：G75 X(U)__ Z(W)__ R(e)__ Q(Δk)__ I(i)__ F(f)__;

参数说明：

(1) X(U)绝对值编程时,为槽底终点在工件坐标系下的坐标；

X(U)增量编程时,为槽底终点相对于循环起点的有向距离。

(2) Z(W)绝对值编程时,为槽底终点在工件坐标系下的坐标。

(3) R(e)切槽每进一刀的退刀量,只能为正直。

(4) Q(Δk)每次进刀深度,只能为正直。

(5) I(i)轴向进刀次数。

(6) F(f)切槽进给速度。

功能：G75指令主要用于加工径向环形槽。加工中径向断续切削起到断屑、及时排屑的作用,特别是窄而深的槽和宽槽。

说明：G75指令的切削加工轨迹如图6-10所示。

应用举例：应用G75指令编写如图6-11所示中的外圆宽槽的加工程序,设切槽（断）刀宽为4mm,刀位点为左刀尖。

外圆宽槽加工程序如下。

```
%1;
N10  T0202  G99;               //换2号外圆刀,执行02号刀补,设定为每转进给方式
N20  M03  S600;                //主轴正转,600r/min
```

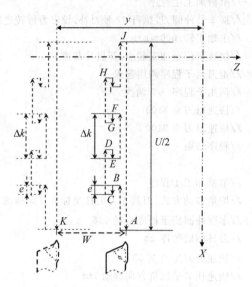

图 6-10 G75 切槽循环的刀具轨迹

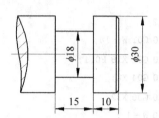

图 6-11 外圆宽槽

N30 G00 X32 Z1 M08;	//快速定位至加工起点,开启冷却液
N40 Z-14.1;	//走刀至槽加工切削起点(考虑刀宽 4mm)
N50 G75 X18.1 Z-24.9 R1 Q5 I3 F0.1;	//设定切槽循环参数,每次粗切径向进刀 5mm
	Z 向进刀每次 3mm(槽端面留 0.1mm,槽底留 0.1mm 的精车余量)
N60 G01 X32;	//切削速度定位至 φ32mm
N70 Z-14;	//切削速度定位至宽槽右侧加工起点
N80 G01 X18;	//车削至槽底外圆 φ18mm
N90 Z-25;	//精车槽底 φ18mm 外圆
N100 X32;	//精车左侧槽端面
N110 W1;	//槽刀左刀尖离开左端面
N120 G00 X100 ;	//快速退刀至 X100
N130 Z100;	//快速退刀至 Z100
N140 M30;	//程序结束

任务实施

参见图 6-5 所示的外圆槽轴零件图。

经过对外圆槽轴零件车削工艺的详细分析以及切槽编程指令和编程方法的学习,根据外圆槽轴零件的零件图 6-5 和所编写的加工工艺文件,分析与完成零件的轮廓节点坐标,并编写与所使用的数控系统相匹配的加工程序,完成表 6-7~表 6-14 的内容。

表 6-7 外圆槽轴零件节点坐标（一）

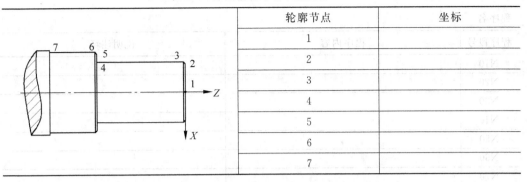

轮廓节点	坐标
1	
2	
3	
4	
5	
6	
7	

表 6-8 外圆槽轴零件加工程序（一）

程序名

程序段号	程序内容	说明注释
N10		
N20		
N30		
N40		
N50		
N60		
N70		
N80		
N90		
N100		
N110		
N120		
N130		
N140		

表 6-9 外圆槽部分节点坐标

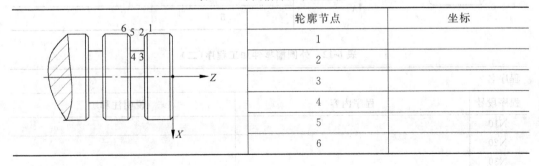

轮廓节点	坐标
1	
2	
3	
4	
5	
6	

表 6-10　外圆槽部分加工程序（用子程序形式）

程序名		
程序段号	程序内容	说明注释
N10		
N20		
N30		
N40		
N50		
N60		
N70		
N80		
N90		
N100		
N110		
N120		
N130		
N140		
N150		
N160		
N170		
N180		
N190		
N200		

表 6-11　外圆槽轴零件节点坐标（二）

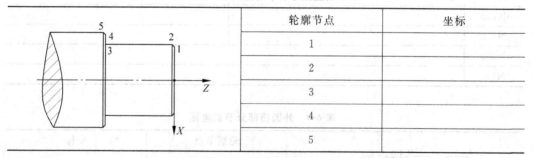

轮廓节点	坐标
1	
2	
3	
4	
5	

表 6-12　外圆槽零件加工程序（二）

程序名		
程序段号	程序内容	说明注释
N10		
N20		
N30		

续表

程序名		
程序段号	程序内容	说明注释
N40		
N50		
N60		
N70		
N80		
N90		
N100		
N110		
N120		
N130		

表 6-13　外圆宽槽部分节点坐标

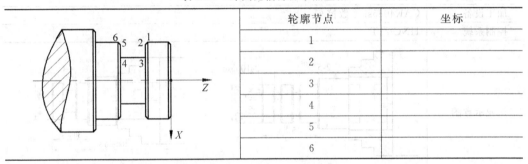

轮廓节点	坐标
1	
2	
3	
4	
5	
6	

表 6-14　外圆宽槽部分加工程序

程序名		
程序段号	程序内容	说明注释
N10		
N20		
N30		
N40		
N50		
N60		
N70		
N80		
N90		
N100		
N110		
N120		

任务三　外圆槽轴的车削加工与尺寸检测

 知识链接

外圆槽轴零件的车削过程相比于台阶轴零件,多了对于外圆槽的加工过程。而外圆槽的加工过程一样有着很多的准备工作和严格的执行标准,而这些同样是外圆槽质量保证的基础。

1. 数控车削操作作业指导书

数控车床的自动运行加工,有着严格的操作标准和要求,而作业指导书作为重要的生产指导文件是工作过程中的指导性文件。如表 6-15 所示为外圆槽轴数控车削操作作业指导书。

表 6-15　外圆槽轴数控车削操作作业指导书

外圆槽轴车削操作作业指导书	
零件名称	外圆槽轴
加工设备	CAK4085si 型数控车
控制系统	HNC-21T
作业示意图	工序一　　　　　　　工序二
作业流程	安全注意事项:作业过程中严格执行安全文明生产要求和机床安全操作规程 作业顺序: 1. 按要求检查机床是否符合安全运行要求,参照"数控车床检查表"进行自检,符合要求后,可以使设备投入正常运转 2. 准备好加工过程所需的工具、刀具和量具 3. 根据工序一,装夹零件毛坯,伸出所需的长度(大于本工序的有效加工长度) 4. 安装加工刀具:外圆刀 T0101、切槽刀 T0202 5. 对刀操作,建立零件加工坐标系 6. 编辑和调用加工程序,自动模式锁住机床进行模拟校验 7. 自动执行粗精加工,开始时单段执行,确保正常后,关闭单段,连续执行 8. 粗车外圆后,测量和进行刀补值的修整,保证尺寸精度 9. 粗车外圆槽,测量和进行刀补值修整,保证尺寸精度 10. 拆下零件,根据工序二调头装夹,保证零件总长度尺寸 11. 建立新的零件加工坐标系 12. 调用加工程序,自动执行粗精加工,保证尺寸精度 13. 粗精车外圆槽,测量和进行刀补值修整,保证尺寸精度 14. 加工完毕后,拆下零件进行自检和尺寸分析

续表

质量检查内容	检查项目	使用量具
	外圆直径	外径千分尺
	台阶长度	游标卡尺
	表面粗糙度	粗糙度对照板
	外观质量	目测
	外圆槽宽度	游标卡尺

毛坯材料	AL	毛坯规格	$\phi 42 \times 102$mm	毛坯数量/件	1
装夹夹具	三爪自定心卡盘				
切削刀具	90°外圆车刀、4mm 切槽刀				
量具	0～150mm 游标卡尺、0～25mm 千分尺、25～50mm 千分尺				

2. 外圆槽加工精度的控制方法

为了达到和保证外圆槽的尺寸精度，需要将加工过程分成粗车、半精车和精车 3 个过程。外圆槽的尺寸主要有位置尺寸和几何尺寸，而几何尺寸又包括槽底直径和槽宽度尺寸。

1）外圆槽直径尺寸保证

在车床完成了外圆槽的半精车后，此时可以测量已加工的槽底外圆直径尺寸，检查与图纸要求尺寸的实际偏差。通过对刀具预留磨损数值的修正和精加工过程，保证和实现外圆槽底部直径的尺寸精度，如表 6-16 所示直径刀具磨损值的修正方法。

表 6-16　直径刀具磨损值的修正方法

磨损修正案例：

　　如有一外圆槽，槽底外圆直径尺寸数值要求为 $\phi 18_{-0.05}^{0}$mm。

　　粗车前：磨损预留值为 0.2mm。

　　半精加工后：外圆直径实测数值为 D 实测直径为 $\phi 18.22$mm。

　　外圆直径的 D 理论数值：取 $\phi 18_{-0.05}^{0}$mm 的中差值为 $\phi 17.975$mm。

修正后磨损的值 U 公式为

$$U = 磨损预留值 - (D 实测直径 - D 理论数值)$$

所以　　　　　　　　　修正值 $U = 0.2$mm $- (18.22$mm $- 17.975$mm$) = -0.045$mm

磨损值修正的方法：

　　系统对刀操作的刀偏表中，找到对应的刀具 X 磨损栏，将修正后的磨损数值直接输入并替代到原先的预留磨损值，最后进行精车加工即可

2）外圆槽定位尺寸和宽度尺寸保证

图 6-12 所示的外圆槽零件中，槽的定位尺寸是 $15_{-0.05}^{0}$mm，槽的宽度尺寸是 $15_{0}^{+0.05}$mm。

在车削加工中，粗车加工时已经预留了一定的余量，通常一个侧端面留取 0.2mm。按照先保证定位尺寸，后保证宽度尺寸的方法，两个尺寸的保证方法如表 6-17 所示为外圆槽定位尺寸和宽度尺寸的修正方法。

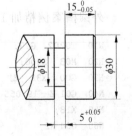

图 6-12　外圆槽零件图

表 6-17　外圆槽定位尺寸和宽度尺寸的修正方法

磨损修正案例：

　　定位尺寸：槽的直定位尺寸数值要求为 $15_{-0.05}^{0}$mm。

　　粗、半精车时：右端面预留余量为 0.2mm，即尺寸 15 按 15.2 编写，如粗加工程序中①所示。

　　半精加工后：定位尺寸实测数值为 D 实测直径为 15.12mm。

　　定位尺寸 D 理论数值：取 $15_{-0.05}^{0}$mm 的中差值为 14.975mm。

修正值 U 公式为

$$U = D 实测直径 - D 理论数值$$

　　所以　　　　　　　　修正值 $U = 15.12\text{mm} - 14.975\text{mm} = 0.145\text{mm}$

磨损值修正的方法：

　　将程序中右刀尖的精车起点往 Z 正方向移动 0.145mm，即将 $Z-15.2+0.145$，变成 $Z-15.055$。如精加工程序中①所示。在保证完定位尺寸之后，再修正槽的宽度尺寸。

磨损修正案例：

　　宽度尺寸：槽的宽度尺寸数值要求为 $5_{0}^{+0.05}$mm。

　　粗、半精车时：左端面预留余量为 0.2mm，即尺寸 20 按 19.8 编写，如粗加工程序中②所示。

　　半精加工后：宽度尺寸实测数值为 D 实测直径为 4.96mm。（此时定位保证后测量得到）

　　宽度尺寸 D 理论数值：取 $5_{0}^{+0.05}$mm 的中差值为 5.025mm。

修正值 U 公式为：

$$U = D 实测直径 - D 理论数值$$

　　所以　　　　　　　　修正值 $U = 4.96\text{mm} - 5.025\text{mm} = -0.065\text{mm}$

磨损值修正的方法：

　　将程序中左刀尖的精车起点往 Z 负方向移动 0.065mm，即将 $Z-19.8+(-0.065)$，变成 $Z-19.865$，如精加工程序中②所示

外圆槽案例粗加工程序如下。

```
N10   T0202  G99;           //换 2 号外圆刀,执行 02 号刀补,设定为每转进给方式
N20   M03  S600;            //主轴正转,600r/min
N30   G00  X32  Z1  M08;    //快速定位至加工起点,开启冷却液
N40   G01  Z-19.2  F0.1;    //走刀至槽粗车切削起点(15.2 + 刀宽 4mm)      ①
N50   X18.2;               //粗车去余量
N60   X32
N70   Z-19.8               //走刀至槽粗车切削终点                        ②
N80   X18.2;
N90   X32
N100  G00 X100             //快速退刀至 X100
N110  Z100                 //快速退刀至 Z100
N120  M30                  //程序结束
```

外圆槽案例精加工程序如下。

```
N10   T0202  G99;           //换 2 号外圆刀,执行 02 号刀补,设定为每转进给方式
N20   M03  S600;            //主轴正转,600r/min
N30   G00  X32  Z1  M08;    //快速定位至加工起点,开启冷却液
N40   G01  Z-19.055  F0.1;  //走刀至槽加工切削起点(15.055mm + 刀宽 4mm)   ①
N50   X18;                 //精车右侧端面
N60   G04 X2;              //刀具槽底暂停 2s
N70   G01 Z-19.865;        //车削外圆槽至槽底直径 φ18mm                  ②
N80   W0.5;                //槽刀左刀尖离开左端面
```

```
N90 G00 X100 ;          //快速退刀至 X100
N100 Z100;              //快速退刀至 Z100
N110 M30               //程序结束
```

 任务实施

在数控车床执行自动加工程序之前，需要完成设备、材料、工具、刀具和量具等各项准备工作，参考标准作业指导书完成外圆槽轴的数控车削加工任务。

1. 设备、工量具和刀具的准备

（1）检查机床是否符合运行要求，并记录在检查表 6-18 中。

表 6-18　机床状态检查表

检查部位	检查方法	判断依据	检查结果
机床润滑油	目测、手动供油操作	润滑油液面足够、油泵供油正常	
电柜风扇	目测、耳听	风扇工作正常、有风	
机床主轴	目测、耳听	转速正常、声音正常	
机床移动部件	目测、耳听	机床部件移动轻便、平滑	

（2）根据工量刀具准备清单完成表 6-19。

表 6-19　工量刀具清单

名　称	规格（型号）	数　量
毛坯		
外圆车刀		
切槽车刀		
游标卡尺		
千分尺		
角度尺		
圆锥套规		

2. 安装零件毛坯

按照表 6-3 中工序一加工内容，装夹毛坯，毛坯伸出长度为_____。

提示：毛坯安装要夹牢，卡盘钥匙要放好。

3. 安装切削刀具

按图 6-13 所示，在 1 号刀位位置上安装外圆车刀。在 2 号刀位位置上安装切槽车刀。安装车刀时，刀具中心与主轴轴心要_____（略高、等高、略低）。如果车削出来的零件端面有个小鼓包，那么原因是_____。车刀边沿与刀架边沿要_____。刀具伸出刀架的长度_____ 1.5 倍的刀杆厚度（不小于、等于、不大于）。切槽车刀的主切削刃要与机床导轨_____。

4. 建立工件坐标系

数控车床的对刀方法有很多种，其中比较常用和简便的是试切法对刀，外圆车刀就是

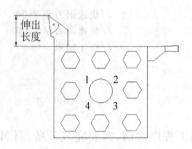

图 6-13 外圆车刀安装示意图

采用试切法对刀。那么外圆槽刀也可以采用试切法对刀建立坐标系。如图 6-14 所示,1 号刀具为 Z 方向对刀,2 号刀具为 X 方向对刀。

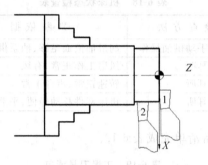

图 6-14 切槽车刀对刀示意图

根据试切法对刀的操作步骤,完成表 6-20。

表 6-20 试切法对刀的操作步骤

操 作 步 骤	记 录 操 作
1. MDI 模式启动主轴正转	主轴转速: r/min
2. Z 方向对刀,手摇试切端面,沿 X 方向退出	试切长度栏输入:
3. X 方向对刀,手摇试切外圆,沿 Z 方向退出,停止主轴	测量已切外圆直径: mm
	试切直径栏输入:

5. 外圆槽轴的数控车削

1)粗精车外圆槽轴的右端阶梯(工序一)

(1)粗车(工步一)。

根据粗车外圆槽轴右端台阶(工步一)的操作步骤,完成表 6-21。

表 6-21 粗车外圆槽轴右端台阶(工步一)的操作步骤

操 作 步 骤	记 录 操 作
1. 调取粗车加工程序	程序名:
2. 留取直径磨损值	X 磨损值栏输入:
3. 执行外圆槽轴右端阶梯粗车	检查卡盘、刀架扳手已经取下( )防护门已经关闭( )

（2）外圆尺寸精度的修正（工步一）。

外圆阶梯在粗车后，形成的外圆直径尺寸一般不能符合图纸的要求，通过检测外圆的直径尺寸，对比精度要求，修正磨损值，如表 6-22 所示。

表 6-22　外圆槽轴右端外圆尺寸精度的控制

理论值	允许的尺寸范围	实际测量值	存在偏差值	预留的磨损值	修正后预留值

（3）精车（工步二）。

在修改完预留值后，修改加工程序成精加工程序，按循环启动，完成精加工，检测并保证外圆的直径尺寸精度。

（4）粗车右端外圆槽（工步三）。

根据粗车右端外圆槽（工步三）的操作步骤，完成表 6-23。

表 6-23　粗车右端外圆槽（工步三）的操作步骤

操 作 步 骤	记 录 操 作
1. 调取粗车加工程序	程序名：
2. 留取定位尺寸、宽度尺寸余量	余量值：
3. 执行右端外圆槽粗车	检查卡盘、刀架扳手已经取下（　　）防护门已经关闭（　　）

（5）定位尺寸、宽度尺寸精度的修正（工步三）。

外圆粗车后，形成的定位和宽度尺寸一般不能符合图纸的要求，通过检测尺寸，对比精度要求，修正余量值，如表 6-24 所示。

表 6-24　右端外圆槽定位、宽度尺寸精度的控制

理论值	允许的尺寸范围	实际测量值	存在偏差值	编程值	更正后编程值

（6）精车（工步四）。

在修改完预留值后，修改加工程序成精加工程序，按循环启动，完成精加工，检测并保证外圆槽的定位和宽度尺寸精度。

2）粗精车外圆槽轴的左端阶梯（工序二）

（1）保证零件总长（工步一）。

完成表 6-25 中外圆槽总长尺寸精度的控制。

表 6-25　外圆槽轴总长尺寸精度的控制

理论值	允许的尺寸范围	实际测量值	存在偏差值

（2）粗车外圆槽轴的左端台阶（工步二）。

根据粗车外圆槽轴左端台阶（工步二）的操作步骤，完成表 6-26。

表 6-26　粗车外圆槽轴左端台阶（工步二）的操作步骤

操 作 步 骤	记 录 操 作
1. 调取粗车加工程序	程序名：
2. 留取直径磨损值	X 磨损值栏输入：
3. 执行外圆槽轴左端阶梯粗车	检查卡盘、刀架扳手已经取下（　　）防护门已经关闭（　　　）

（3）外圆尺寸精度的修正（工步二）。

外圆阶梯在粗车后，形成的外圆直径尺寸一般不能符合图纸的要求，通过检测外圆的直径尺寸，对比精度要求，修正磨损值，如表 6-27 所示。

表 6-27　外圆槽轴左端外圆尺寸精度的控制

理论值	允许的尺寸范围	实际测量值	存在偏差值	预留的磨损值	修正后预留

（4）精车（工步三）。

在修改完预留值后，修改加工程序成精加工程序，按循环启动，完成精加工，检测并保证外圆的直径尺寸精度。

（5）粗车左端外圆槽（工步四）。

根据粗车左端外圆槽（工步四）的操作步骤，完成表 6-28。

表 6-28　粗车右端外圆槽（工步四）的操作步骤

操 作 步 骤	记 录 操 作
1. 调取粗车加工程序	程序名：
2. 留取定位尺寸、宽度尺寸余量	余量值：
3. 执行右端外圆槽粗车	检查卡盘、刀架扳手已经取下（　　）防护门已经关闭（　　　）

（6）定位尺寸、宽度尺寸精度的修正（工步四）。

外圆粗车后，形成的定位和宽度尺寸一般不能符合图纸的要求，通过检测尺寸，对比精度要求，修正余量值，如表 6-29 所示。

表 6-29　右端外圆槽定位、宽度尺寸精度的控制

理论值	允许的尺寸范围	实际测量值	存在偏差值	编程值	更正后编程值

（7）精车（工步五）。

在修改完预留值后，修改加工程序成精加工程序，按循环启动，完成精加工，检测并保证外圆槽的定位和宽度尺寸精度。

6. 机床的清扫与保养

在完成外圆槽轴零件的加工后，要清扫机床中的切屑，将机床工作台移动至机床尾部（防止机床导轨长时间静止受压发生变形），给机床移动部件和金属裸露表面做好防锈。并做好机床运行记录，清扫工位周边卫生，并完成机床卫生记录表 6-30。

表 6-30　机床卫生记录表

序　号	内　容	要　求	完成情况记录
1	零件	上交	
2	切削刀具	拆卸、整理、清点、上交	
3	工量具	整理、清洁、清点、上交	
4	机床刀架、导轨、卡盘	清洁、保养	
5	切屑	清扫	
6	机床外观	清洁	
7	机床电源	关闭	
8	机床运行情况记录本	记录、签字	
9	工位卫生	清扫	
			学生签字：

7. 零件的评价与反馈

（1）根据表 6-31 中的检查项目对外圆槽轴零件进行检测，并做记录。

表 6-31　外圆槽轴零件检测记录表

检验项目及要求	检验量具	学生自测值	教师测定值	结果判定（以教师测定值为准）
外圆 $\phi18_{-0.05}^{0}$（3 处）				
外圆 $\phi30_{-0.021}^{0}$（2 处）				
外圆 $\phi40_{-0.021}^{0}$				
长度 $10_{-0.05}^{0}$（2 处）				
长度 $45_{-0.05}^{0}$				
长度 $30_{-0.05}^{0}$				
长度 $10_{0}^{+0.05}$				
长度 $5_{0}^{+0.05}$（2 处）				
长度 $100_{-0.05}^{+0.05}$				
表面粗糙度 $Ra1.6$				
工件完成情况分析 工艺及编程改进意见			终结性评价	

（2）请根据表 6-32 中的项目完成对本次学习任务的自我评价。

表 6-32　外圆槽轴零件项目学习情况反馈表

序　号	项　目	学习任务的完成情况	本人签字
1	工作页的填写		
2	独立完成的任务		
3	小组合作完成的任务		
4	教师指导下完成的任务		
5	是否达到了学习目标		
6	存在问题及建议		

技术能手：数控车床中级技能

项目七 螺纹轴的编程与加工

 学习目标

(1) 分析螺纹轴的加工特点，制订出螺纹轴的车削加工工艺方案；

(2) 根据零件图和工艺方案要求，正确地选择和使用车削刀具；

(3) 运用螺纹切削循环指令 G82 和 G76 编制螺纹加工程序；

(4) 遵守机床操作规程，按零件图纸要求车削加工出合格的螺纹轴零件；

(5) 正确使用量具进行外螺纹尺寸精度的检测和质量分析。

 内容结构

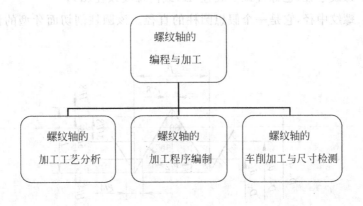

任务一 螺纹轴的加工工艺分析

知识链接

螺纹车削是数控车床的主要加工任务。螺纹的形成是刀具的直线移动与主轴旋转运动按严格的比例同时运动形成的,刀具即在工件轮廓上按设定的螺旋轨迹切削形成螺旋槽。螺纹刀具属于成形刀,螺距和尺寸精度受机床精度影响,牙型精度则由刀具精度保证。

1. 螺纹的牙型规格及相关几何参数

1) 螺纹的常见牙型规格

按螺牙的形状的不同,给螺纹分成了各种牙型。常见螺纹的牙型如图 7-1 所示。

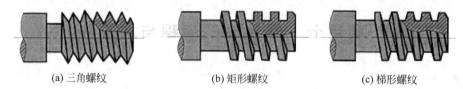

(a) 三角螺纹   (b) 矩形螺纹   (c) 梯形螺纹

图 7-1　常见螺纹牙型

按螺纹在零件中的部位分类有柱面螺纹、锥面螺纹和端面螺纹等,牙型角 α 是指在螺纹相邻两牙侧间的夹角。普通三角螺纹牙型角为 60°,英制螺纹牙型角为 55°,梯形螺纹牙型角为 30°。

2) 普通螺纹的牙型参数

如图 7-2 所示,在三角螺纹的理论牙型中各参数说明如下。

$D(d)$:公称直径,它是螺纹大径的基本尺寸,也称外螺纹顶径(D)或内螺纹底径(d)。

$D_1(d_1)$:螺纹小径,也称外螺纹底径(D)或内螺纹顶径(d)。

$D_2(d_2)$:螺纹中径,它是一个假想圆柱的直径。该圆柱剖切面牙型的沟槽和凸起宽度相等。

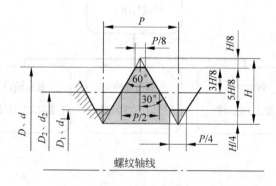

图 7-2　普通螺纹的几何参数

P：螺距，它是螺纹上相邻两牙在中径上对应点间的轴向距离。

L：导程，它是同一条螺旋线上相邻在中径上对应点间的轴向距离。

H：理论牙型高度，它是在螺纹牙型上牙顶到牙底之间，垂直于螺纹轴线的距离。

2. 螺纹加工尺寸分析与螺纹切削用量选用

（1）外直螺纹加工相关尺寸计算。车螺纹时，零件材料因受车刀挤压而使外径胀大，因此螺纹部分的零件外径应比公称直径小 $0.2 \sim 0.4\text{mm}$。可按经验公式取 $d_{\text{计}}=d-0.12P$。

（2）普通螺纹牙型如图 7-3 所示。在实际加工中，为便于计算，可不考虑螺纹刀的刀尖半径 r 的影响，通常取螺纹实际牙高 $h_{\text{实}}=0.65 \times P$，螺纹实际小径 $d_{1\text{计}}=d-2h_{\text{实}}=d-1.3 \times P$。

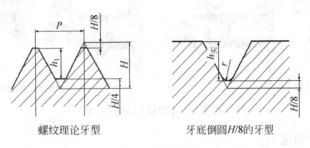

| 螺纹理论牙型 | 牙底倒圆$H/8$的牙型 |

图 7-3 螺纹的牙高

螺纹参数计算案例：车削如图 7-4 所示的零件中的 $\text{M}30 \times 2$ 外螺纹，材料为 45 钢。试计算实际车削时的外径 $d_{\text{计}}$ 及螺纹实际小径 d_1 计。

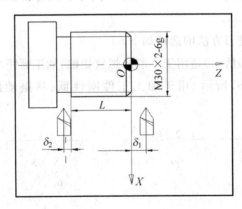

图 7-4 螺纹的加工参数

解：根据上述分析，其相关计算如下。

实际车削时的直径为

$$d_{\text{计}}=d-0.12P=(30-0.12 \times 2)\text{mm}=29.76\text{mm}$$

螺纹实际牙高为

$$h_{\text{实}}=0.65P=0.65 \times 2\text{mm}=1.3\text{mm}$$

螺纹实际小径为

$$d_{1\text{计}} = d - 2h_{\text{实}} = (30 - 1.3 \times 2)\text{mm} = 27.4\text{mm}$$

（3）螺纹起点与螺纹终点轴向尺寸的确定。如图 7-4 所示，在数控车床上车螺纹时，由于机床伺服系统本身具有滞后特点，会在螺纹起始段和停止加工段产生螺距不规则现象，所以实际加工螺纹长度应包括切入空行程量 δ_1 和切出空行程量 δ_2。

一般切入空行程量为 2～5mm，大螺距和高精度的螺纹取大值，切出空行程量一般为退刀槽宽度的一半，取 1～2 倍的螺距长度。

（4）外螺纹的加工方法如图 7-5 所示。

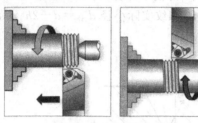
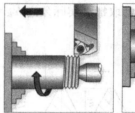
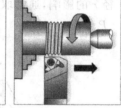

(a) 右手外螺纹　　　　　　　　　　　　　　　(b) 左手外螺纹

图 7-5　外螺纹的加工方法

（5）切削用量的选用。

① 主轴转数 n。在数控车床上加工螺纹，主轴的转速受数控系统、螺纹导程、刀具、材料等多种因素的影响，需根据实际加工条件和机床性能而定。大多数经济型数控车床车削螺纹时，推荐主轴转数为 $n \leqslant 1200/P - K$。式中：P 为零件的螺距；K 为保险系数；n 为主轴转数，单位为 r/min。

② 背吃刀量 a_P。进刀方法的选择如下。

直进法（如图 7-6(a) 所示）适用于一般的螺纹切削，加工螺距小于 3mm 的螺纹。

斜进法（如图 7-6(b) 所示）用于加工工件刚性低、易振动的场合，加工螺纹螺距 $P \geqslant 3\text{mm}$。

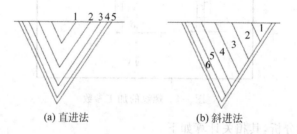

(a) 直进法　　　　　　　　　　(b) 斜进法

图 7-6　进刀方法选择

加工螺纹时，背吃刀量应遵循后一刀相对前一刀递减的分配方式。用硬质合金螺纹车刀时，最后一刀的背吃刀量不能小于 0.05mm。常用螺纹的进给次数与背吃刀量的关系如表 7-1 所示。

表 7-1 常用螺纹切削的背吃刀量（Δd）与进给次数关系表 单位：mm

螺 距		1.0	1.5	2.0	2.5	3.0	3.5
牙深（Δr）		0.649	0.974	1.299	1.624	1.949	2.273
背吃刀量与进给次数	第1次	0.7	0.8	0.9	1.0	1.2	1.5
	第2次	0.4	0.6	0.6	0.7	0.7	0.7
	第3次	0.2	0.4	0.6	0.6	0.6	0.6
	第4次		0.16	0.4	0.4	0.4	0.6
	第5次			0.1	0.4	0.4	0.4
	第6次				0.15	0.4	0.4
	第7次					0.2	0.2
	第8次						0.15

注意：也可以根据切削条件适当增加进给次数，但应保持背吃刀量逐次减少的趋势，实际加工中，最后一次的背吃刀量甚至可以为零，以切除工件的弹性变形量。

任务实施

图 7-7 所示为螺纹轴零件图，根据该图完成下列任务。

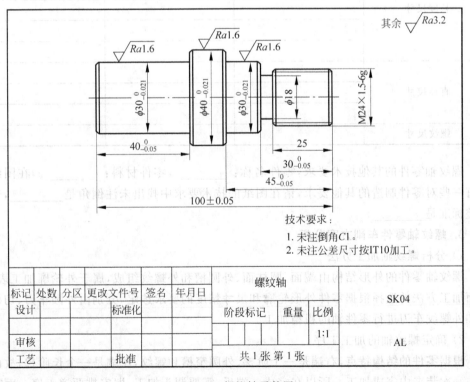

其余 $\sqrt{Ra3.2}$

技术要求：
1. 未注倒角C1。
2. 未注公差尺寸按IT10加工。

标记	处数	分区	更改文件号	签名	年月日	螺纹轴		
设计			标准化			阶段标记	重量	比例
审核								1:1
工艺			批准			共1张 第1张		

SK04

AL

图 7-7 螺纹轴零件图

1. 螺纹轴零件的结构特点分析

分析零件图 7-7,根据图 7-7 提供的信息选出表 7-2 中该零件所具有的结构。

表 7-2　螺纹轴的结构特点

零 件 特 征	请选择(√)	零 件 特 征	请选择(√)
圆柱面		倒角	
外圆锥面		圆弧面	
内圆锥面		圆角	
外螺纹		沟槽	

2. 螺纹轴零件的加工精度分析

螺纹轴零件的加工精度主要包括尺寸精度、形状精度和位置精度,请根据零件图纸,将螺纹轴的尺寸精度和表面质量要求填写在表 7-3 中。

表 7-3　螺纹轴零件加工精度

类　别	尺　寸　值	尺寸精度要求	表面粗糙度
长度尺寸			
直径尺寸			
螺纹尺寸			

螺纹轴零件的其他技术要求,零件名称:_____,零件材料:_____。在图纸中还有一些对零件制造的其他要求,请在图纸的技术要求中找出未注倒角是_____,未注公差标准是_____。

3. 螺纹轴零件车削方案分析

1) 分析螺纹轴加工方法

螺纹轴零件的外形结构由端面、圆柱面、外圆槽和外螺纹组成,属于外轮廓加工表面。表面加工方法的选择根据零件外形轮廓和尺寸精度的要求选定,分别由外圆车刀、切槽刀具和外螺纹车刀进行零件轴的粗精加工。

2) 确定螺纹轴的加工工序

根据零件的结构特点,右端是一个阶梯、外圆窄槽和螺纹,左端是一个长阶梯,故而无法在一次装夹中完成加工。所以在完成一端后,需要调头加工,即安排两道工序。而零件左端有光整长外圆可以供调头加工时装夹用,所以螺纹轴零件考虑先加工左端,后加工右端。

请参考前面学习项目的数控车削方案完成表 7-4 所示的螺纹轴数控车削方案。

表 7-4　螺纹轴数控车削方案

工序	加 工 简 图	工 序 内 容
1		(1) 三爪卡盘装夹零件,粗、半精车零件 $\phi30mm$、$\phi40mm$ 外圆柱 (2) 精车 $\phi30mm$、$\phi40mm$ 外圆,保证精度
2		(1) 调头,三爪卡盘夹持 $\phi30mm$ 外圆,车端面保证零件总长 (2) 粗车、半精车螺纹轴 $\phi30mm$ 外圆和螺纹大径 (3) 精车螺纹轴 $\phi30mm$ 外圆,保证精度 (4) 外圆槽刀粗精车 $\phi18\times5mm$ 外圆直槽,保证槽的深度和宽度 (5) 螺纹车刀粗精车 M24×1.5-6g 外螺纹

4. 刀具的选择

不同的零件结构需要选用不同的切削刀具,而不同的切削刀具将会影响零件的生产效率和质量,选择表 7-5 中的螺纹轴加工的切削刀具。

表 7-5　数控加工刀具选择

实训项目				零件名称			
序号	刀具号	刀具名称	刀片规格	数量	加工表面	数量	备注
1							
2							
3							

5. 切削用量的选择

根据所选择的刀具、机床、材料,确定螺纹轴的切削深度 a_p、主轴转速 n 和进给速度 f,填表 7-6。

表 7-6 切削参数确定表

加工项目	加工方式	a_P/mm	n/(r/min)	f/(mm/r)
外圆	粗车			
	精车			
外圆槽	粗车			
	精车			
外螺纹	粗精车			

6. 数控加工工艺方案卡片的编制

通过对螺纹轴零件的系列分析,完成对表 7-7 的螺纹轴零件数控加工工艺方案卡片的填写。

表 7-7 数控加工工艺方案卡片

实训项目			零件图号		系统		材料	
装夹 定位 简图								
程序名称			G 功能	T 刀具	切削用量			
					转速 S/(r/min)	进给速度 F/(mm/r)	背吃刀量 a_P/mm	
工序号	工步	工步内容						

任务二 螺纹轴的加工程序编制

知识链接

数控车削加工中,螺纹采用成形刀具加工的。车刀的刀片形状决定了螺纹的形状。如三角螺纹、梯形螺纹等采用了不同形状的螺纹车刀或刀片,如图 7-8 所示。

螺纹的形成是刀具的直线移动与主轴旋转运动按严格的比例同时运动形成的,刀具即在工件轮廓上按设定的螺旋轨迹切削形成螺旋槽,所

(a) 梯形螺纹刀片   (b) 三角螺纹刀片

图 7-8 螺纹刀片

以需要特定的螺纹加工循环指令。这些指令的详细用法说明如下。

1. 单行程螺纹切削指令 G32

指令格式：G32 X(U)__ Z(W)__ F __；

参数说明：

(1) X、Z 为螺纹终点的 X、Z 向坐标，单位：mm。

(2) U、W 为螺纹编程终点相对于编程起点的 X、Z 相对坐标，单位：mm。

(3) F 为螺纹导程，单位：mm。

X 省略时为圆柱螺纹切削，Z 省略时为端面螺纹切削。

单行程螺纹切削指令 G32 的表示如图 7-9 所示。

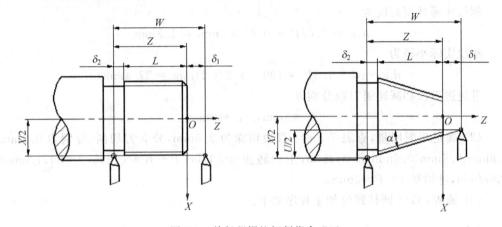

图 7-9 单行程螺纹切削指令 G32

功能：用 G32 指令可加工固定导程的圆柱螺纹或圆锥螺纹，也可以用于加工端面螺纹。

注意事项：

(1) G32 进刀方式为直进式；

(2) 切削斜角 α 在 45°以下的圆锥螺纹时，螺纹导程以 Z 方向为指定方向；

(3) 螺纹切削时不能用主轴线速度恒定指令 G96；

(4) G32 的切削路径如图 7-10 所示。图中，A 点是螺纹加工的起点，B 点是螺纹切削指令 G32 的起点，C 点是螺纹切削指令 G32 的终点。①是用 G00 进刀，②是用 G32 车螺纹，③是用 G00X 向退刀，④是用 G00 Z 向返回 A 点。

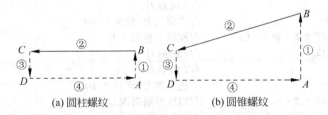

(a) 圆柱螺纹　　　　　(b) 圆锥螺纹

图 7-10 单行程螺纹切削指令 G32 进刀路径

应用举例：如图 7-11 所示，螺纹外径已车至直径 29.8mm，4×2 的退刀槽已加工，零件材料为 45 钢。用 G32 编制该螺纹的加工程序。

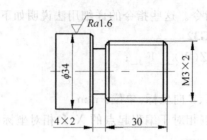

图 7-11 圆柱螺纹加工

（1）螺纹加工尺寸计算。

螺纹实际牙型高度为

$$h_{1实} = 0.65P = 0.65 \times 2\text{mm} = 1.3\text{mm}$$

螺纹实际小径为

$$d_{1计} = d - 1.3P = (30 - 1.3 \times 2)\text{mm} = 27.4\text{mm}$$

升速进刀段和减速退刀段分别取

$$\delta_1 = 5\text{mm}, \quad \delta_2 = 2\text{mm}$$

（2）确定切削用量，查表 7-1 得：双边切深为 2.6mm，分 5 刀切削，分别为 0.9mm、0.6mm、0.6mm、0.4mm 和 0.1mm，主轴转速 $n \leqslant 1200/P - K = (1200/2 - 80)\text{r/min} = 520\text{r/min}$，进给量 $f = P = 2\text{mm}$。

（3）编程：G32 圆柱螺纹加工程序如下。

```
%3;
N10     T0303 G99;              //换 3 号螺纹刀，执行 03 号刀补，设定转进给方式
N20     M03 S520;               //主轴正转，520r/min
N30     M08;                    //切削液开
N40     G00 X32 Z5;             //螺纹加工起点
N50     X29.1;                  //按螺纹大径 30mm 进第一刀，切深 0.9mm
N60     G32 X29.1 Z-28 F2.0;    //螺纹车削第一刀，螺距 2mm
N70     G00 X32;                //X 向退刀
N80     Z5;                     //Z 向退刀
N90     X28.5;                  //进第二刀，切深 0.6mm
N100    G32 X28.5 Z-28 F2.0;    //螺纹车削第二刀
N110    G00 X32;                //X 向退刀
N120    Z5;                     //Z 向退刀
N130    X27.9;                  //进第三刀，切深 0.6mm
N140    G32 X27.9 Z-28 F2.0;    //螺纹车削第三刀
N150    G00 X32;                //X 向退刀
N160    Z5;                     //Z 向退刀
N170    X27.5;                  //进第四刀，切深 0.4mm
N180    G32 X27.5 Z-28 F2.0;    //螺纹车削第四刀
N190    X32;                    //X 向退刀
N200    Z5;                     //Z 向退刀
N210    X27.4;                  //进第五刀，切深 0.1mm
N220    G32 X27.4 Z-28 F2.0;    //螺纹车削第五刀
N230    G00 X100;               //X 向退刀
```

| N240 | Z100; | //Z向退刀，回换刀点 |
| N250 | M30; | //程序结束 |

通过前面的例题可以看出，使用 G32 加工螺纹时需要多次进、退刀，程序较长，易出错。为此数控车床一般均在数控系统中设置了螺纹切削循环指令 G82。

2. 螺纹切削循环指令 G82

指令格式：G82 X(U)＿ Z(W)＿ I(R)＿ F＿；

参数说明：

(1) X、Z 为螺纹终点的绝对坐标，单位：mm。

(2) U、W 为螺纹终点相对循环起点的相对坐标，单位：mm。

(3) F 为螺纹导程（当螺纹为单头螺纹时，为螺距）。

注意事项：I 为圆锥螺纹起点半径与终点半径的差值，单位：mm。其值的正负判断方法与 G80 相同，圆锥螺纹终点半径大于起点半径时 $I(R)$ 为负值；反之为正值。圆柱螺纹 $I=0$，可省略。

圆柱螺纹指令格式：G82 X(U)＿ Z(W)＿ F＿；

圆锥螺纹指令格式：G82 X(U)＿ Z(W)＿ I(R)＿ F＿；

功能：G82 指令用于单一循环加工螺纹时，其循环路线与单一外圆固定循环基本相同，如图 7-12 所示，循环路径中除车削螺纹②为进给运动外，其他运动（循环起点进刀①、螺纹切削终点 X 向退刀③、Z 向退刀④）均为快速运动。

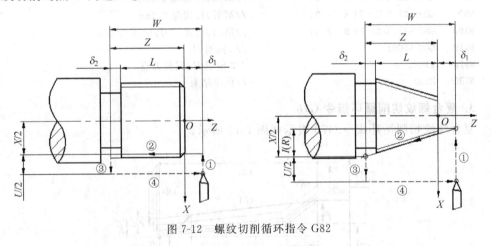

图 7-12　螺纹切削循环指令 G82

应用举例：如图 7-13 所示，螺纹外径已车至小端直径 $\phi19.8$mm，大端直径 $\phi24.8$mm，零件材料为 45 钢。用 G82 指令编制该螺纹的加工程序。

(1) 螺纹加工尺寸计算。

螺纹加工尺寸计算如图 7-14 所示。螺纹实际牙高 $h_{1实}=0.65P=0.65\times2=1.3$（mm）；升速进刀段 $\delta_1=3$mm 减速退刀段 $\delta_2=2$mm，A 点：$X=19.5$mm，$Z=3$mm；B 点：$X=25.3$mm，$Z=-34$mm；$R=(19.53/2-25.31/2)$mm$=-2.9$（mm）。

(2) 确定切削用量。同上例，螺纹分 5 刀切削，分别为 0.9mm、0.6mm、0.6mm、0.4mm 和 0.1mm，主轴转速 $n=520$r/min，进给量 $f=P=2$mm。

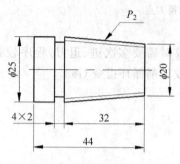

图 7-13 圆锥螺纹的加工

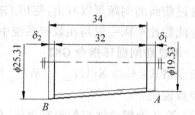

图 7-14 圆锥螺纹加工尺寸计算

（3）编程。G82 指令加工图 7-13 所示圆锥螺纹的参考程序如下。

```
%3
N10    T0303 G99;                      //换 3 号螺纹刀,03 号刀补,设定转进给方式
N20    M03 S520;                       //主轴正转,520r/min
N30    M08;                            //切削液开
N40    G00 X27 Z3;                     //螺纹加工循环起点
N50    G82 X24.4 Z-34 R-2.9 F2.0;      //按大径 30mm 进第一刀,切深 0.9mm,螺距 2mm
N60    G82 X23.8 Z-34 R-2.9;           //第二刀,切深 0.6mm
N70    G82 X23.2 Z-34 R-2.9;           //第三刀,切深 0.6mm
N80    G82 X22.8 Z-34 R-2.9;           //第四刀,切深 0.4mm
N90    G82 X22.7 Z-34 R-2.9;           //第五刀,切深 0.1mm
N100   G82 X22.7 Z-34 R-2.9;           //第六刀,光一刀,切深为 0mm
N110   G00 X100;                       //X 向退刀
N120   Z100;                           //Z 向退刀,回换刀点
N130   M30;                            //程序结束
```

3. 复合螺纹切削循环指令 G76

复合螺纹切削循环指令 G76 表示如图 7-15 所示。

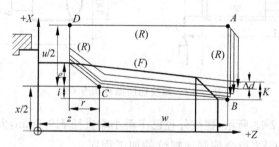

图 7-15 复合螺纹切削循环指令 G76

G76 指令格式：G76C＿ A＿ X＿ Z＿ I＿ K＿ U＿ V＿ Q＿ F＿；
参数说明：

（1）C 为精车次数；

（2）A 为螺纹牙型角；

（3）X、Z 为螺纹终点的绝对坐标，单位：mm；

（4）I 为螺纹两端的半径差；

（5）K 为螺纹高度，由 X 方向上的半径值决定；

（6）U 为螺纹的精加工余量，半径值；

（7）V 为最小切削深度，半径值；

（8）Q 为第一刀切削深度，半径值；

（9）F 为导程（螺距），单位：mm。

注意事项：I 为圆锥螺纹起点半径与终点半径的差值，单位：mm。其值的正负判断方法与 G82 相同，圆锥螺纹终点半径大于起点半径时 $I(R)$ 为负值；反之为正值。圆柱螺纹 $I=0$，可省略。

功能：G76 指令用于复合循环加工螺纹。G76 循环进行单边切削，减小了刀尖的受力。

复合螺纹切削循环 G76 单边切削及其参数表示，如图 7-16 所示。

应用举例：还是以图 7-11 所示零件为例，用 G76 编制该螺纹的加工程序。

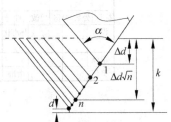

图 7-16 复合螺纹切削循环 G76 单边切削及其参数

（1）螺纹加工尺寸计算。

螺纹实际牙型高度为

$$h_{1实} = 0.65P = 0.65 \times 2\text{mm} = 1.3\text{mm}$$

螺纹实际小径为

$$d_{1计} = d - 1.3P = (30 - 1.3 \times 2)\text{mm} = 27.4\text{mm}$$

（2）确定切削用量。

同上例，主轴转速 $n=520\text{r/min}$，进给量 $f=P=2\text{mm/r}$。

（3）编程。G76 指令加工图 7-11 所示圆柱螺纹的参考程序如下。

```
%3
N10    T0303 G99;                              //换 3 号螺纹刀,03 号刀补,设定转进给方式
N20    M03 S520;                               //主轴正转,520r/min
N30    M08;                                    //切削液开
N40    G00 X32 Z5;                             //螺纹加工循环起点
N50    G76 C2 60 X27.4 Z-28 K1.3 U0.1 V0.1 Q0.8 F2;   //G76 复合螺纹循环
N60    G00 X100;                               //X 向退刀
N70    Z100;                                   //Z 向退刀,回换刀点
N80    M30;                                    //程序结束
```

 任务实施

图 7-17 所示为螺纹轴零件图，根据该图完成下列任务。

分析与完成零件的轮廓节点坐标，编写加工程序，完成表 7-8～表 7-15 的内容。

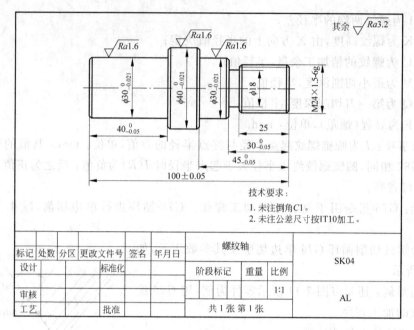

技术要求：
1. 未注倒角C1。
2. 未注公差尺寸按IT10加工。

标记	处数	分区	更改文件号	签名	年月日	螺纹轴		
设计			标准化			阶段标记	重量	比例
								SK04
审核								1:1
工艺			批准			共1张 第1张		AL

图 7-17　螺纹轴零件图

表 7-8　螺纹轴零件节点坐标(一)

轮廓节点	坐标
1	
2	
3	
4	
5	
6	

表 7-9　螺纹轴零件加工程序(一)

程序名		
程序段号	程序内容	说明注释
N10		
N20		
N30		
N40		
N50		
N60		
N70		
N80		
N90		
N100		
N110		
N120		

表 7-10　螺纹轴零件节点坐标（二）

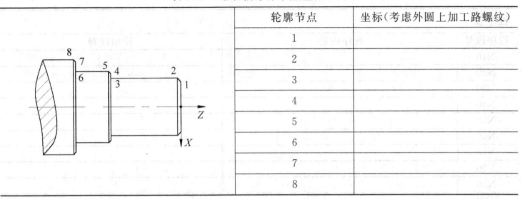

轮廓节点	坐标（考虑外圆上加工路螺纹）
1	
2	
3	
4	
5	
6	
7	
8	

表 7-11　螺纹轴零件加工程序（二）

程序名

程序段号	程序内容	说明注释
N10		
N20		
N30		
N40		
N50		
N60		
N70		
N80		
N90		
N100		
N110		
N120		
N130		
N140		
N150		

表 7-12　螺纹退刀槽节点坐标

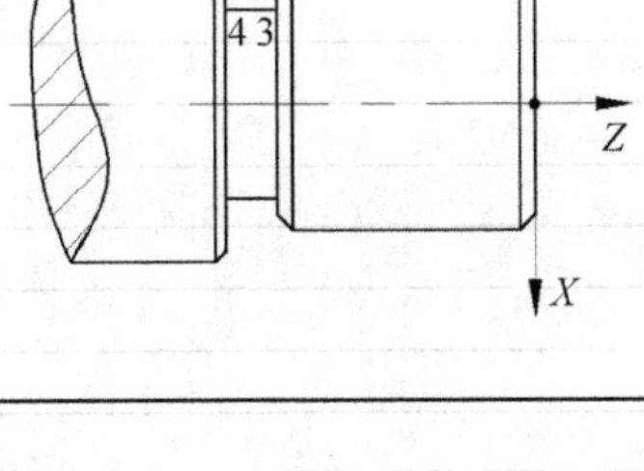

轮廓节点	坐标
1	
2	
3	
4	
5	

表 7-13　螺纹退刀槽加工程序

程序名

程序段号	程序内容	说明注释
N10		
N20		
N30		
N40		
N50		
N60		
N70		
N80		
N90		
N100		
N110		
N120		
N130		
N140		
N150		

表 7-14　螺纹参数

项　　目	数值
螺纹大径	
螺纹小径	
螺纹牙高	
螺距	
螺纹公差	
螺纹有效长度	

表 7-15　螺纹加工程序

程序名

程序段号	程序内容	说明注释
N10		
N20		
N30		
N40		
N50		
N60		
N70		
N80		
N90		
N100		
N110		
N120		
N130		
N140		
N150		

任务三 螺纹轴的车削加工与尺寸检测

知识链接

螺纹轴零件的车削加工主要包括台阶轴和螺纹的车削加工,其中螺纹的车削加工对机床的转速、螺纹刀具的安装和螺纹车削起终点的确定等有严格的要求。

1. 数控车削操作作业指导书

数控车床的自动运行加工,有着严格的操作标准和要求,而作业指导书作为重要的生产指导文件,是工作过程中的指导性文件。如表 7-16 所示为螺纹轴数控车削操作作业指导书。

表 7-16 螺纹轴数控车削操作作业指导书

螺纹车削操作作业指导书	
零件名称	螺纹轴
加工设备	CAK4085si 型数控车
控制系统	HNC-21T
作业示意图	工序一 工序二
作业流程	安全注意事项:作业过程中严格执行安全文明生产要求和机床安全操作规程 作业顺序: 1. 按要求检查机床是否符合安全运行要求,参照"数控车床检查表"进行自检,符合要求后,可以使设备投入正常运转 2. 准备好加工过程所需的工具、刀具和量具 3. 根据工序一,装夹零件毛坯,伸出所需的长度(大于本工序的有效加工长度) 4. 安装加工刀具:外圆刀 T0101、切槽刀 T0202、螺纹刀 T0303 5. 对刀操作,建立零件加工坐标系 6. 编辑和调用加工程序,自动模式锁住机床进行模拟校验 7. 自动执行粗精加工,开始时单段执行,确保正常后,关闭单段,连续执行 8. 粗车外圆后,测量和进行刀补值的修整,保证尺寸精度 9. 拆下零件,根据工序二调头装夹,保证零件总长度尺寸 10. 建立新的零件加工坐标系 11. 调用加工程序,自动执行粗精加工,保证尺寸精度 12. 粗精车外圆槽,测量和进行刀补值修整,保证尺寸精度 13. 车削螺纹退刀槽 14. 粗精车外螺纹,用螺纹环规检测保证精度 15. 加工完毕后,拆下零件进行自检和尺寸分析

续表

质量检查内容	检查项目			使用量具		
	外圆直径			外径千分尺		
	台阶长度			机械游标卡尺		
	表面粗糙度			粗糙度对照板		
	外观质量			目测		
	退刀槽尺寸			机械游标卡尺		
	外螺纹			螺纹环规		
毛坯材料	AL	毛坯规格	$\phi42\times102$mm	毛坯数量/件		1
装夹夹具	三爪自定心卡盘					
切削刀具	90°外圆车刀、4mm 切槽刀、60°外螺纹车刀					
量具	0～125mm 游标卡尺、0～25mm 千分尺、25～50mm 千分尺、M24×1.5-6g 螺纹环规					

2. 螺纹加工精度的控制方法

1）螺纹的测量方法与检验标准

外螺纹的精度由螺纹大径、螺纹中径、螺纹小径、螺距和螺纹牙型等几个参数组成。不仅有尺寸精度,也有形状精度。

对于一般标准螺纹,都采用螺纹环规或塞规来检测。对于精度要求较高的,用三针法测量螺纹中径,或用螺纹千分尺来测量。

测量外螺纹时如果螺纹"通端"环规正好旋进,而"止端"环规旋不进,则说明螺纹合格,反之就不合格。螺纹的粗糙度用目测检测是否符合要求。螺纹环规如图 7-18 所示。

2）螺纹精度的保证方法

螺纹加工中,需要特别注意保证的尺寸主要有:螺距、中径。

螺距的保证方法:在螺纹加工中,只要严格地控制好螺纹的切入距离和切出距离,一般要求两个距离都大于一个螺距。

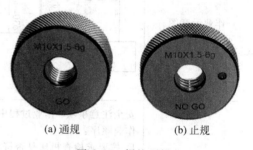

(a) 通规   (b) 止规

图 7-18 螺纹环规

中径的保证方法:在粗车前,留取 0.2～0.3mm 的加工余量。粗车后,根据环规检测时的旋进距离进行磨损值的修改。一般情况下,旋不进可以修改磨损 0.2mm,旋进一半可以修改磨损 0.1mm。旋进 3/4 以上可以修改 0.05mm,甚至可以重复执行精加工,从而达到螺纹规检测合格。

任务实施

在数控车床执行自动加工程序之前,需要完成设备、材料、工具、刀具和量具等各项准备工作,参考标准作业指导书完成螺纹轴的数控车削加工任务。

1. 设备、工量具和刀具的准备

（1）检查机床是否符合运行要求，并记录在检查表 7-17 中。

表 7-17　机床状态检查表

检 查 部 位	检 查 方 法	判 断 依 据	检 查 结 果
机床润滑油	目测、手动供油操作	润换油液面足够、油泵供油正常	
电柜风扇	目测、耳听	风扇工作正常、有风	
机床主轴	目测、耳听	转速正常、声音正常	
机床移动部件	目测、耳听	机床部件移动轻便、平滑	

（2）根据工量刀具准备清单完成表 7-18。

表 7-18　工量刀具清单

名　　称	规格（型号）	数量
毛坯		
外圆车刀		
切槽车刀		
螺纹车刀		
游标卡尺		
千分尺		
螺纹环规		

2. 安装零件毛坯

按照表 7-4 中工序一加工内容，装夹毛坯，毛坯伸出长度为_____。

提示：毛坯安装要夹牢，卡盘钥匙要放好。

3. 安装切削刀具

按图 7-19 所示，在 1 号刀位位置上安装外圆车刀，在 2 号刀位位置上安装切槽车刀，在 3 号刀位位置上安装螺纹车刀。

螺纹刀若安装的过高，当吃刀到一定深度时，车刀的后刀面顶住工件，增大摩擦力，严重时造成啃刀现象；过低时，则切屑不易排出，因车刀的径向力指向工件中心，使吃刀深度自动加深，出现工件被抬起和啃刀现象。所以安装螺纹刀时，应使其刀尖角的对称中心线与工件轴线_____。

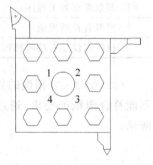

图 7-19　螺纹刀安装示意图

螺纹刀刀尖角的对称中心线须与工件中心轴线垂直，装刀时可用 60°样板对刀，如图 7-20 所示。

4. 建立工件坐标系

普通螺纹刀的对刀方法有试切法对刀和对刀仪对刀，通常直接用刀具试切对刀。如图 7-21 所示，1 号刀具为 X 方向对刀，2 号刀具为 Z 方向对刀。

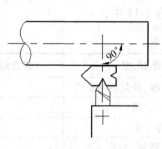

图 7-20 螺纹刀安装方法示意图

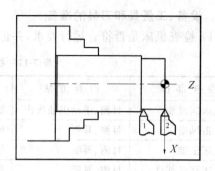

图 7-21 螺纹车刀对刀示意图

根据试切法对刀的操作步骤,完成表 7-19。

表 7-19 试切法对刀的操作步骤

操 作 步 骤	记 录 操 作
1. MDI 模式启动主轴正转	主轴转速: r/min
2. Z 方向对刀,手摇将螺纹刀刀尖对准端面	试切长度栏输入:
3. X 方向对刀,手摇试切外圆,沿 Z 方向退出,停止主轴	测量已切外圆直径: mm 试切直径栏输入:

5. 螺纹轴的数控车削

1)粗精车螺纹轴的左端阶梯(工序一)。

(1)粗车(工步一)。根据粗车螺纹轴右端台阶(工步一)的操作步骤,完成表 7-20。

表 7-20 粗车螺纹轴右端台阶(工步一)的操作步骤

操 作 步 骤	记 录 操 作
1. 调取粗车加工程序	程序名:
2. 留取直径磨损值	X 磨损值栏输入:
3. 执行螺纹轴右端阶梯粗车	检查卡盘、刀架扳手已经取下( ) 防护门已经关闭( )

(2)外圆尺寸精度的修正(工步一)。外圆阶梯在粗车后,形成的外圆直径尺寸一般不能符合图纸的要求,通过检测外圆的直径尺寸,对比精度要求,修正磨损值,如表 7-21 所示。

表 7-21 螺纹轴左端外圆尺寸精度的控制

理论值	允许的尺寸范围	实际测量值	存在偏差值	预留的磨损值	修正后预留值

(3)精车(工步二)。在修改完预留值后,修改加工程序成精加工程序,按循环启动,完成精加工,检测并保证外圆的直径尺寸精度。

2）粗精车螺纹轴的右端阶梯（工序二）

（1）保证零件总长（工步一）。根据螺纹轴总长尺寸精度的控制完成表 7-22。

表 7-22 螺纹轴总长尺寸精度的控制

理论值	允许的尺寸范围	实际测量值	存在偏差值

（2）粗车螺纹轴的右端阶梯（工步二）。根据粗车螺纹轴右端台阶（工步二）的操作步骤，完成表 7-23。

表 7-23 粗车螺纹轴右端台阶（工步二）的操作步骤

操 作 步 骤	记 录 操 作
1. 调取粗车加工程序	程序名：
2. 留取直径磨损值	X 磨损值栏输入：
3. 执行螺纹轴左端阶梯粗车	检查卡盘、刀架扳手已经取下（ ）防护门已经关闭（ ）

（3）外圆尺寸精度的修正（工步二）。外圆阶梯在粗车后，形成的外圆直径尺寸一般不能符合图纸的要求，通过检测外圆的直径尺寸，对比精度要求，修正磨损值，如表 7-24 所示。

表 7-24 螺纹轴左端外圆尺寸精度的控制

理论值	允许的尺寸范围	实际测量值	存在偏差值	预留的磨损值	修正后预留值

（4）精车（工步三）。在修改完预留值后，修改加工程序成精加工程序，按循环启动，完成精加工，检测并保证外圆的直径尺寸精度。

（5）车削螺纹退刀槽（工步四）。根据粗车螺纹退刀槽（工步四）的操作步骤，完成表 7-25。

表 7-25 粗车螺纹退刀槽（工步四）的操作步骤

操 作 步 骤	记 录 操 作
1. 调取粗车加工程序	程序名：
2. 留取定位尺寸、宽度尺寸余量	余量值：
3. 执行右端螺纹轴粗车	检查卡盘、刀架扳手已经取下（ ）防护门已经关闭（ ）

（6）粗车右端外螺纹（工步五）。根据粗车右端外螺纹（工步五）的操作步骤，完成表 7-26。

表 7-26 粗车右端外螺纹（工步五）的操作步骤

操 作 步 骤	记 录 操 作
1. 调取粗车加工程序	程序名：
2. 留取定位尺寸、宽度尺寸余量	余量值：
3. 执行右端螺纹轴粗车	检查卡盘、刀架扳手已经取下（ ）防护门已经关闭（ ）

6. 机床的清扫与保养

在完成螺纹轴零件的加工后,要清扫机床中的切屑,将机床工作台移动至机床尾部(防止机床导轨长时间静止受压发生变形),给机床移动部件和金属裸露表面做好防锈。并做好机床运行记录,清扫好工位周边卫生,并完成机床卫生记录表 7-27 的内容。

表 7-27　机床卫生记录表

序　号	内　容	要　求	完成情况记录
1	零件	上交	
2	切削刀具	拆卸、整理、清点、上交	
3	工量具	整理、清洁、清点、上交	
4	机床刀架、导轨、卡盘	清洁、保养	
5	切屑	清扫	
6	机床外观	清洁	
7	机床电源	关闭	
8	机床运行情况记录本	记录、签字	
9	工位卫生	清扫	
			学生签字:

7. 零件的评价与反馈

(1)根据表 7-16 中的检查项目对螺纹轴零件进行检测,并做表 7-28 中的记录。

表 7-28　螺纹轴零件检测记录表

检验项目及要求	检验量具	学生自测值	教师测定值	结果判定(以教师测定值为准)
外圆 $\phi 30_{-0.021}^{0}$(2 处)				
外圆 $\phi 40_{-0.021}^{0}$				
外圆 $\phi 18$				
长度 $30_{-0.05}^{0}$				
长度 $45_{-0.05}^{0}$				
长度 $40_{-0.05}^{0}$				
长度 $100_{-0.05}^{+0.05}$				
M24×1.5-6g				
表面粗糙度 $Ra1.6$				
工件完成情况分析 工艺及编程改进意见			终结性评价	

（2）请根据表7-29中的项目完成对本次学习任务的自我评价。

表7-29　螺纹轴零件项目学习情况反馈表

序　号	项　　目	学习任务的完成情况	本人签字
1	工作页的填写		
2	独立完成的任务		
3	小组合作完成的任务		
4	教师指导下完成的任务		
5	是否达到了学习目标		
6	存在问题及建议		

项目八　中等复杂轴的编程与加工

学习目标

（1）熟悉和分析各种形状、结构轴类零件的加工工艺知识及方案；

（2）综合运用各种循环指令编制中等复杂轴类零件的加工程序；

（3）能进行较复杂轴类工件的加工操作与程序的调试；

（4）分析和处理中等复杂轴类工件的加工质量问题；

（5）能加工符合图纸要求的合格复杂轴类零件。

内容结构

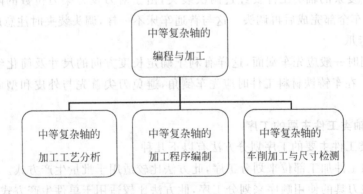

任务一　中等复杂轴的加工工艺分析

知识链接

中等复杂轴工件属于外形结构比较综合的加工零件，常包含外圆、外圆锥、凸凹圆弧、凹槽、外螺纹等轮廓要素。中等复杂轴通常综合了上述的几种外形结构特征,如机械零件中重要的轴类工件:传动轴、螺纹轴等。

1. 中等复杂轴的技术要求

除综合了成形轴、螺纹轴的加工和台阶轴的技术要求外,通常还有配合、几何公差等要求。

几何公差包括形状公差、位置公差、方向公差和跳动公差。任何零件都是由点、线、面构成的,这些点、线、面称为要素。

2. 加工车刀的选择

根据加工部位的形状特点以及加工性质要求等,并结合本例中的圆球加工,选刀时考虑粗、精加工分开和刀尖干涉角两大因素,故粗车时选择 35°V 形尖头刀,精车时为保证圆弧一次走刀光滑连接,选用 R3 球头刀。

其他刀具的选择方法,可参照前述的几个项目。

3. 切削用量的选择

可参照前述的几个项目。

4. 中等复杂轴装夹与加工的注意事项

中等复杂轴的外形轮廓要比简单轴类零件复杂得多,所以在制订加工方案时应根据零件的形状特点、技术要求、加工数量和安装方法综合考虑。

(1)如果毛坯余量大且不均匀或要求精度较高时,应分粗车、半精车和精车等几个阶段。

(2)对于长轴类的工件可以采用一夹一顶方式装夹,双顶尖装夹方式适用于轴的两端有较高同轴度及圆跳动等形位公差或需要多次装夹的情况,有后道精加工(如磨削加工)工序的情况。在编程时应注意 Z 向退刀不要撞到尾座。

(3)对于复杂的轴类工件要经过两次装夹,由于对刀及刀架刀位数的限制一般应把第一端粗、精车全部完成后再调头。这与普通车床不一样,调头装夹时注意应垫铜皮或做开口套或软卡爪。

(4)车削时一般应先车端面,这样有利于确定长度方向的尺寸及简化编程的长度方向尺寸换算。在车铸铁材料工件时应先车倒角,避免刀尖首先与外皮和型砂接触而产生过大的磨损。

5. 复杂轴类工件主要的工序

复杂轴类工件主要的工序划分方法有以下几种。

(1)按照工件加工部位来划分工序,此方法比较适用于批量生产方式。

(2)按照刀具的使用顺序来划分工序,此方法比较适用于单件生产方式。

(3)综合前两种方式进行工序划分,此方法应用面较广泛。

 任务实施

图 8-1 所示为球头销轴零件图,根据该图完成下列任务。

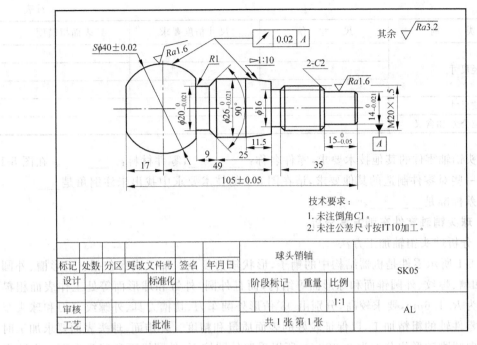

图 8-1 球头销轴零件图

1. 球头销轴零件的结构特点分析

看懂给定的中等复杂轴类零件：球头销轴。分析零件图 8-1，根据图 8-1 提供的信息选出表 8-1 中该零件所具有的结构。

表 8-1 球头销轴的结构特点

零 件 特 征	请选择(√)	零 件 特 征	请选择(√)
圆柱面		倒角	
外圆锥面		圆弧面	
内圆锥面		圆角	
外螺纹		沟槽	

2. 球头销轴零件的加工精度分析

球头销轴零件的加工精度主要包括尺寸精度、形状精度和位置精度，请根据零件图 8-1，将球头销轴轴的尺寸精度和表面质量要求填写在表 8-2 中。

表 8-2 球头销轴零件加工精度

类 别	尺 寸 值	尺寸精度要求	表面粗糙度
长度尺寸			

续表

类　　别	尺　寸　值	尺寸精度要求	表面粗糙度
直径尺寸			
螺纹尺寸			
形位公差和含义			

球头销轴零件的其他技术要求,零件名称:_____,零件材料:_____。在图 8-1 中还有一些对零件制造的其他要求,请在图 8-1 的技术要求中找出未注倒角是_____, 未注公差标准是_____。

3. 球头销轴零件车削方案分析

1）分析球头销轴加工方法

图 8-1 所示零件是机器结构中的销子,形状较为复杂。加工内容包括:弧形槽、外圆柱面、凹槽、螺纹、外圆锥面和球形面等结构,而且外圆、外锥和球形面等处工作表面粗糙度要求为 $Ra1.6\mu m$,要求较高,分别由 93°仿形外圆车刀、切槽刀具、外螺纹车刀和球头车刀进行零件轴的粗精加工,以保证较好的表面质量和精度。外锥面、球头表面要求加工时保证径向圆跳动形位公差为 0.02mm,所以采取外圆柱面、外圆锥面和球头表面一次装夹加工。

2）确定球头销轴的加工工序

因工件左端球头表面和中间的外锥表面相对于右端外圆 $\phi14mm$ 的轴线有 0.02mm 的径向圆跳动公差,所以宜采用一顶一夹的装夹方法,用以保证形位公差要求。

第一次装夹:平端面打中心孔,用三爪自定心卡盘夹住工件的左端,伸出长度小于 20mm。

第二次装夹:一夹一顶,用三爪卡盘夹工件的左端毛坯外圆,伸出长度为 130mm,另一端用活络顶尖支撑。

第三次装夹:平总长,用三爪卡盘通过三瓦式夹套,夹工件凹槽 $\phi20\times9mm$ 处。

请参考前面学习项目的数控车削方案完成表 8-3 所示的球头销轴数控车削方案。

表 8-3　球头销轴数控车削方案

工序	加工简图	工序内容
1		车削毛坯端面,钻削中心孔

续表

工序	加工简图	工序内容
2		(1) 三爪卡盘夹持左端毛坯外圆,伸出为130mm,活动顶尖顶住中心孔,实行一夹一顶装夹 (2) 粗车 $\phi14$mm、$\phi26$mm、螺纹外圆、外圆锥和螺纹退刀槽 (3) 精车 $\phi14$mm、$\phi26$mm、螺纹外圆和外圆锥,保证精度 (4) 粗精车 M20×1.5mm 外螺纹 (5) 切断零件,保证零件长度有余量
3		(1) 调三爪卡盘通过三瓦式夹套,夹工件凹槽 $\phi20\times9$mm (2) 车削端面保证零件总长 105mm (3) 粗车球头 $S\phi40$mm (4) 精车球头 $S\phi40$mm,保证尺寸精度

4. 刀具的选择

不同的零件结构需要选用不同的切削刀具,而不同的切削刀具将会影响零件的生产效率和质量,根据球头销轴的特点选择和确定表 8-4 中的切削刀具。

表 8-4 数控加工刀具选择

实训项目					零件名称		
序号	刀具号	刀具名称	刀片规格	数量	加工表面	数量	备注
1							
2							
3							
4							
5							

5. 切削用量的选择

根据所选择的刀具、机床、材料,确定表 8-5 中球头销轴的切削深度 a_P、主轴转速 n 和进给速度 f。

表 8-5　切削参数确定表

加 工 项 目	加 工 方 式	a_P/mm	n/(r/min)	f/(mm/r)
外圆	粗车			
	精车			
球头部分	粗车			
	精车			
外螺纹	粗精车			

6. 数控加工工艺方案卡片的编制

通过对球头销轴零件的系列分析,已经对加工的方案、刀具的选择以及切削参数有了结论。那么完成对表 8-6 中球头销轴零件数控加工工艺方案卡片的填写。

表 8-6　数控加工工艺方案卡片

实训项目			零件图号		系统		材料	
装夹定位简图								
程序名称			G 功能	T 刀具	切削用量			
					转速 S/(r/min)	进给速度 F/(mm/r)	背吃刀量 a_P/mm	
工序号	工步	工步内容						

任务二　中等复杂轴的加工程序编制

 知识链接

在数控车削加工中,往往不是单一或者简单轮廓的出现,更多的是综合性的产品和零件,轮廓凹凸就像是中等复杂的轴类零件。它的加工要用到更多的刀具,程序编辑要用到更多的指令,在零件的轮廓坐标节点的计算中也更复杂一些。如图 8-2 和图 8-3 所示的几个类型的轴。

图 8-2　复杂轴类零件(一)　　　　　　　图 8-3　复杂轴类零件(二)

1. 加工刀具的选择

对于这些轮廓复杂、凹凸的轴类零件，要根据零件结构选择合适的切削刀具，比如球头车刀、仿形车刀等，如图 8-4 和图 8-5 所示。

图 8-4　35°仿形外圆车刀　　　　　　　图 8-5　35°舍弃式球头外圆车刀

车刀形状和位置车刀形状不同，如图 8-6 所示，决定了刀尖圆弧所处的位置不同，对比刀位表中不同刀具的补偿刀位，所以 35°仿形车刀的刀位点是 3 号，而球头外圆车刀的刀位点是 9 号或 0 号。

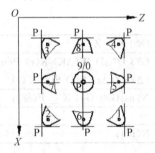

图 8-6　车刀的形状和位置

2. 球头销轴的编程方法

球头销轴是一种结构典型的中等复杂轴，零件轮廓线条有凹凸。加工余量较多且分布极不均匀，采用简化编程指令方法简单，可以大大缩短程序长度和编程时间，提高编程效率。这就是循环指令的功能，下面重点讲解 G73 闭环车削复合循环。

指令名称：G73 闭环车削复合循环。

指令格式：G73 U(ΔI) W(ΔK) R(r) P(ns) Q(nf) X(Δx) Z(Δz) F(f) S(s) T(t)。

说明：该指令执行如图 8-7 所示粗加工和精加工，其中精加工路径为 $A \rightarrow A' \rightarrow B' \rightarrow B$ 的轨迹。

参数说明：

(1) ΔI 为 X 轴方向的粗加工总余量；

(2) ΔK 为 Z 轴方向的粗加工总余量；

(3) r 为粗切削次数；

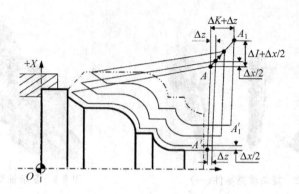

图 8-7　G73 循环轨迹示意图

（4）ns 为精加工路径第一程序段（即图 8-7 中的 AA'）的顺序号；

（5）nf 为精加工路径最后程序段（即图 8-7 中的 $B'B$）的顺序号；

（6）Δx 为 X 方向精加工余量；

（7）Δz 为 Z 方向精加工余量；

（8）f、s、t 为粗加工时 G73 中编程的 F、S、T 有效，而精加工时处于 ns 到 nf 程序段之间的 F、S、T 有效。

注意事项：ΔI 和 ΔK 表示粗加工时总的切削量，粗加工次数为 r，则每次 X、Z 方向的切削量为 $\Delta I/r$、$\Delta K/r$。

按 G73 段中的 P 和 Q 指令值实现循环加工，要注意 Δx 和 Δz、ΔI 和 ΔK 的正负号。

G73 编程格式如表 8-7 所示。

表 8-7　G73 闭环车削复合循环

G00 X___ Z___；	快速定位到循环始点
G73 U(ΔI) W(ΔK) R(r) P(ns) Q(nf) X (Δx) Z(Δz) F(f) S(s) T(t)	设置 X、Z 方向总加工余量 设置精加工轮廓起止程序段号，精加工余量，粗车进给量
N(ns)G00/G01 X___ F(f2)；	精加工轮廓描述
...	
N(nf)；	

G73 的特点：该功能在切削工件时刀具轨迹为如图 8-7 所示的封闭回路，刀具逐渐进给，使封闭切削回路逐渐向零件最终形状靠近，最终切削成工件的形状，其精加工路径为 $A \to A' \to B' \to B$。这种指令能对铸造、锻造等粗加工中已初步成形的工件，进行高效率切削。

G73 编程实例：用闭环车削复合循环编制如图 8-8 所示零件的加工程序：循环起始点的坐标为（42，1），X 方向精加工余量为 0.4mm，Z 方向精加工余量为 0.1mm，工件毛坯为直径 40mm 的铝棒。

G73 闭环车削复合循环案例加工程序如下。

```
%1;
N10     T0101 G99;              //换 1 号外圆刀，执行 01 号刀补，设定转进给方式
N20     M03 S600;               //主轴正转,600r/min
N30     M08;                    //切削液开
```

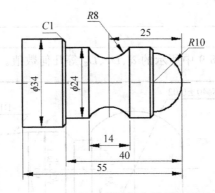

图 8-8　G73 闭环车削复合循环案例图

N40	G00 G42 X42 Z1;	//快速定位循环起点
N50	G73 U10 W1 R10 P60 Q150 X0.5 Z0.1 F0.2;	//设定 X 余量 10mm,Z 余量 1mm,切削次数 10, X 精加工余量 0.5mm,Z 精加工余量 0.1mm, 进给 F0.2
N60	G01 X0 F0.1 S1000;	//精加工轮廓起始行,主轴升速至 1000r/min
N70	Z0;	//慢速走刀至零点
N80	G03 X20 Z-10 R10;	//精车半圆球
N90	G01 X24 C1;	//车削端面和倒角
N100	Z-18;	//精车外圆
N110	G02 X24 Z-32 R8;	//精车圆柱面上凹圆弧
N120	G01 Z-40;	//精车外圆
N130	X34 C1;	//精车端面和倒角
N140	Z-41;	//精车外圆
N150	G01 X40;	//车削端面
N160	G40 X42;	//撤销刀具补偿
N170	G00 X100;	//X 方向退刀
N180	Z100;	//Z 方向退刀
N190	M30;	//程序结束

 任务实施

（1）分析与解释 G73 指令格式的字符含义。

G73 是什么指令？

_____。

G73 指令的格式是什么？

_____。

G73 指令字符含义如下。

ΔI：_____；

ΔK：_____；

r：_____；

ns：_____；

nf：_____；

Δx：_____；

Δz：_____。

（2）请分析并计算图 8-9 中所示的 d、D_1、D_2 等几何数值。

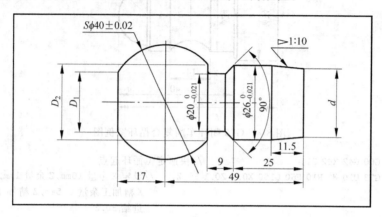

图 8-9　销轴零件局部图

① 外圆锥小径 d 的数值是多少？

② 圆球小端直径 D_1 的数值是多少？

③ 圆球大端直径 D_2 的数值是多少？

（3）分析与完成零件（见图 8-10）的轮廓节点坐标，编写加工程序，完成表 8-8～表 8-13 中的内容。

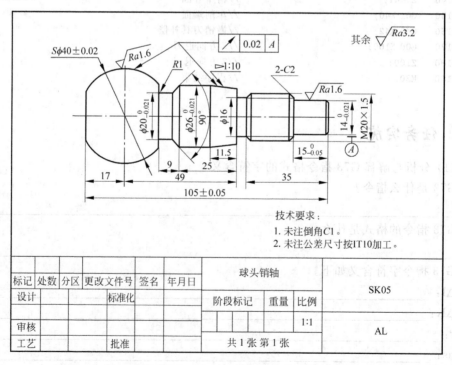

图 8-10　球头销轴零件图

表 8-8　球头销轴零件节点坐标（一）

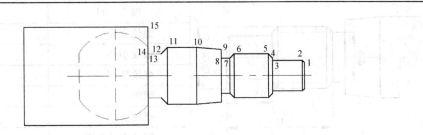

轮廓节点	1	2	3	4	5	6	7	8
坐标节点								
轮廓节点	9	10	11	12	13	14	15	
坐标节点								

表 8-9　球头销轴零件加工程序（一）

程序名		
程序段号	程序内容	说明注释
N10		
N20		
N30		
N40		
N50		
N60		
N70		
N80		
N90		
N100		
N110		
N120		
N130		
N140		
N150		
N160		
N170		
N180		
N190		
N200		

表 8-10　螺纹参数

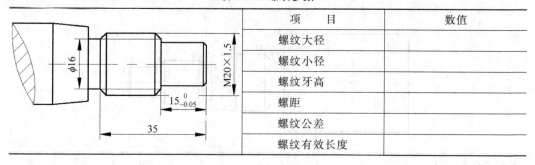

项　　目	数值
螺纹大径	
螺纹小径	
螺纹牙高	
螺距	
螺纹公差	
螺纹有效长度	

表 8-11　螺纹加工程序

程序名		
程序段号	程序内容	说明注释
N10		
N20		
N30		
N40		
N50		
N60		
N70		
N80		
N90		
N100		

表 8-12　球头销轴零件节点坐标（二）

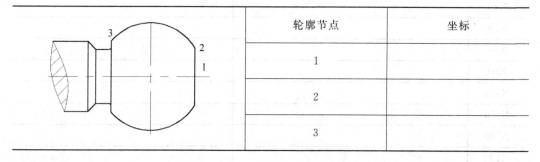

轮廓节点	坐标
1	
2	
3	

表 8-13　球头销轴零件加工程序（二）

程序名		
程序段号	程序内容	说明注释
N10		
N20		
N30		
N40		
N50		

续表

程序名		
程序段号	程序内容	说明注释
N60		
N70		
N80		
N90		
N100		
N110		
N120		
N130		
N140		
N150		

任务三　中等复杂轴的车削加工与尺寸检测

知识链接

中等复杂轴零件的数控车削过程,有着严格的要求,不仅是在解决车削加工工艺的安排问题,还要解决加工过程中工艺流程以及对产品质量上都有的严格控制。

1. 数控车削操作作业指导书

数控车床的自动运行加工,有着严格的操作标准和要求,而作业指导书作为重要的生产指导文件,是工作过程中的指导性文件。如表 8-14 所示为球头销轴数控车削操作作业指导书。

表 8-14 球头轴数控车削操作作业指导书

球头销轴车削操作作业指导书	
零件名称	球头销轴
加工设备	CAK4085si 型数控车
控制系统	HNC-21T
作业示意图	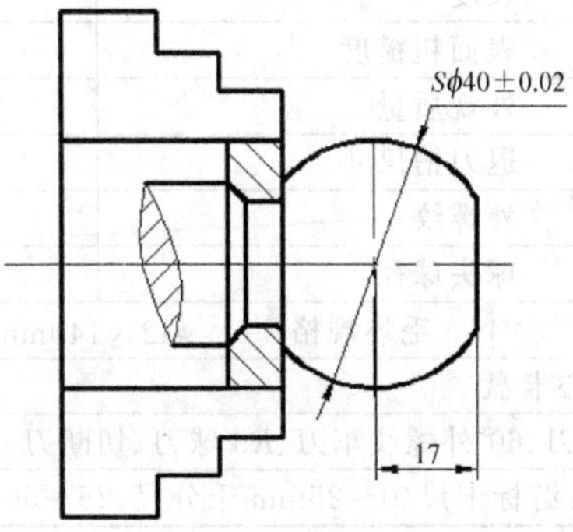 *S*ϕ40±0.02 17 工序一

续表

作业示意图	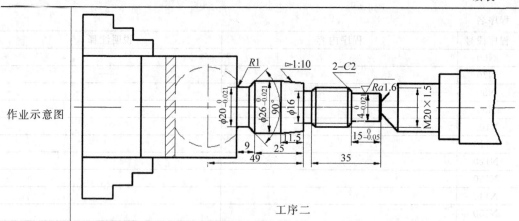
	工序二

作业流程	安全注意事项：作业过程中严格执行安全文明生产要求和机床安全操作规程 作业顺序： 1. 按要求检查机床是否符合安全运行要求，参照"数控车床检查表"进行自检，符合要求后，可以使设备投入正常运转 2. 准备好加工过程所需的工具、刀具和量具 3. 根据工序一，装夹零件毛坯，伸出所需的长度(大于本工序的有效加工长度) 4. 安装加工刀具：外圆刀 T0101、螺纹车刀 T0202、外圆球刀 T0303 5. 安装中心钻，钻削定位中心孔 6. 调头夹持外圆，顶尖顶住零件 7. 对刀操作，建立零件加工坐标系 8. 编辑和调用加工程序，自动模式锁住机床进行模拟校验 9. 自动执行粗精加工，开始时单段执行，确保正常后，关闭单段，连续执行 10. 粗车外圆后，测量和进行刀补值的修整，精车保证尺寸精度 11. 车削螺纹，保证精度 12. 切断零件，保证足够长度 13. 调头三爪式夹套装夹，建立新的零件加工坐标系 14. 车削端面保证总长度 15. 粗车球头后，测量和进行刀补值的修整，精车保证尺寸精度 16. 加工完毕后，拆下零件进行自检和尺寸分析

质量检查 内容	检查项目	使用量具
	外圆直径	外径千分尺
	长度	机械游标卡尺
	表面粗糙度	粗糙度外径千分尺对照板
	外观质量	目测
	退刀槽尺寸	机械游标卡尺
	外螺纹	螺纹环规
	球头球径	外径千分尺

毛坯材料	AL	毛坯规格	φ42×140mm	毛坯数量/件	1
装夹夹具	三爪自定心卡盘				
切削刀具	90°外圆车刀、60°外螺纹车刀、R3 球刀、切断刀				
量具	0~125mm 游标卡尺、0~25mm 千分尺、25~50mm 千分尺、M20×1.5-6g 螺纹环规				

2．一夹一顶车削轴类零件的方法

一夹一顶的特点：用工件一端外圆表面及一端中心孔定位的刚性好，能承受较大切削力。

一夹一顶的适用范围：适用于加工工件较长、较重及加工精度要求较高的轴类零件。

一夹一顶的操作过程如下。

（1）车削零件端面。

（2）钻削端面中心孔。

（3）三爪轻轻夹持外圆表面，将端面中心孔与尾座顶尖对齐，将顶尖摇入中心孔，并顶进。

（4）锁住三爪，完成装夹。

钻中心孔的方法：中心钻钻削时，一般选取主轴转速 $1000\sim1200\mathrm{r/min}$，钻削时手动慢速进给，直至中心钻在端面钻出锥度部分，并达到使用要求即可。

中心钻折断原因及预防如下。

（1）中心钻与工件旋转中心不一致：调整尾座顶尖，使尾座顶尖与主轴同轴。

（2）切削用量选择不当：一般可以降低进给速度，或者适当提高转速。

（3）中心钻磨损后强行钻入工件：根据钻削情况，及时更换中心钻。

（4）没有浇注充分切削液，影响顺利排屑：浇注切削液，降低切削热，并润滑切削面。

 任务实施

在数控车床执行自动加工程序之前，需要完成设备、材料、工具、刀具和量具等各项准备工作，参考标准作业指导书完成球头销轴的数控车削加工任务。

1．设备、工量具和刀具的准备

（1）检查机床是否符合运行要求，并记录在检查表 8-15 中。

表 8-15　机床状态检查表

检 查 部 位	检 查 方 法	判 断 依 据	检 查 结 果
机床润滑油	目测、手动供油操作	润滑油液面足够、油泵供油正常	
电柜风扇	目测、耳听	风扇工作正常、有风	
机床主轴	目测、耳听	转速正常、声音正常	
机床移动部件	目测、耳听	机床部件移动轻便、平滑	

（2）根据工量刀具准备清单完成表 8-16。

表 8-16　工量刀具清单

名　　　称	规格（型号）	数　　　量
毛坯		
外圆车刀		
螺纹车刀		
球头车刀		
游标卡尺		
千分尺		
螺纹环规		

2. 安装零件毛坯

按照表 8-3 中工序一加工内容，装夹毛坯，钻削端面中心孔。调头装夹伸出_____mm。

提示：毛坯安装要夹牢，卡盘钥匙要放好。

3. 安装切削刀具

按图 8-11 所示，在 1 号刀位位置上安装外圆车刀，在 2 号刀位位置上安装螺纹车刀，在 3 号刀位位置上安装球头车刀。球头车刀安装时，一定要严格保证车刀中心轴线垂直与主轴轴线。

4. 建立工件坐标系

球头车刀的对刀方法有试切法对刀和对刀仪对刀，通常直接用刀具试切对刀。如图 8-12 所示，1 号刀具为 X 方向对刀，2 号刀具为 Z 方向对刀。

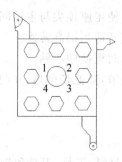
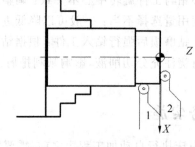

图 8-11　车刀安装示意图　　　　图 8-12　切槽车刀对刀示意图

根据试切法对刀的操作步骤，完成表 8-17。

表 8-17　试切法对刀的操作步骤

操 作 步 骤	记 录 操 作
1. MDI 模式启动主轴正转	主轴转速：　r/min
2. Z 方向对刀，手摇将球刀左侧刃对准端面	试切长度栏输入：
3. X 方向对刀，手摇试切外圆，沿 Z 方向退出，停止主轴	测量已切外圆直径：　mm 试切直径栏输入：

5. 球头销轴的数控车削

1）钻削端面中心孔（工序一）

钻削端面中心孔（工步一）。

手动钻削端面中心孔：转速：_____ r/min，进给速度控制均匀。

2）粗精车球头销轴的右端阶梯（工序二）

（1）粗车（工步一）。

根据粗车球头销轴右端轮廓（工步一）的操作步骤，完成表 8-18。

表 8-18 粗车球头销轴右端轮廓（工步一）的操作步骤

操 作 步 骤	记 录 操 作
1. 调取粗车加工程序	程序名：
2. 留取直径磨损值	X 磨损值栏输入：
3. 执行球头销轴右端阶梯粗车	检查卡盘、刀架扳手已经取下（　　）防护门已经关闭（　　）

（2）外圆尺寸精度的修正（工步二）。

外圆阶梯在粗车后，形成的外圆直径尺寸一般不能符合图纸的要求，通过检测外圆的直径尺寸，对比精度要求，修正磨损值，如表 8-19 所示。

表 8-19 球头销右端外圆尺寸精度的控制

理论值	允许的尺寸范围	实际测量值	存在偏差值	预留的磨损值	修正后预留值

（3）精车（工步二）。

在修改完预留值后，修改加工程序成精加工程序，按循环启动，完成精加工，检测并保证外圆的直径尺寸精度。

（4）精车右端外螺纹（工步三）。

根据精车右端外螺纹（工步三）的操作步骤，完成表 8-20。

表 8-20 精车右端外螺纹（工步三）的操作步骤

操 作 步 骤	记 录 操 作
1. 调取精车加工程序	程序名：
2. 留取定位尺寸、宽度尺寸余量	余量值：
3. 执行右端螺纹粗精车	检查卡盘、刀架扳手已经取下（　　）防护门已经关闭（　　）

（5）切断零件（工步四）。

手动切削零件，保证足够长度：＿＿＿＿＿＿＿ mm；转速：＿＿＿＿＿＿＿ r/min，进给速度控制均匀。

3）粗精车球头销轴的左端球头（工序三）

（1）保证零件总长（工步一）。

根据球头销轴总长尺寸精度的控制，完成表 8-21。

表 8-21 球头销轴总长尺寸精度的控制

理论值	允许的尺寸范围	实际测量值	存在偏差值

（2）粗车球头销轴的左端球头（工步二）。

根据粗车球头销轴的左端球头的操作步骤，完成表 8-22。

表 8-22　粗车球头销轴的左端球头的操作步骤

操　作　步　骤	记　录　操　作
1. 调取粗车加工程序	程序名：
2. 留取直径磨损值	X 磨损值栏输入：
3. 执行球头销轴左端球头粗车	检查卡盘、刀架扳手已经取下（　　　）防护门已经关闭（　　　）

（3）半精车球头销轴的左端球头（工步三）。

调取球头车刀，进行球头部分的半径加工，并完成表 8-23。

表 8-23　半精车球头销轴的左端球头的操作步骤

操　作　步　骤	记　录　操　作
1. 调取半精车加工程序	程序名：
2. 留取直径磨损值	X 磨损值栏输入：
3. 执行球头销轴左端球头半精车	检查卡盘、刀架扳手已经取下（　　　）防护门已经关闭（　　　）

（4）外圆尺寸精度的修正（工步四）。

外圆球头在粗车后，形成的球头球径尺寸一般不能符合图纸的要求，通过检测球头外圆的直径尺寸，对比精度要求，修正磨损值，如表 8-24 所示。

表 8-24　球头销轴的左端球头尺寸精度的控制

理论值	允许的尺寸范围	实际测量值	存在偏差值	预留的磨损值	修正后预留值

（5）精车（工步四）。

在修改完预留值后，修改加工程序成精加工程序，按循环启动，完成精加工，检测并保证外圆的直径尺寸精度。

6. 机床的清扫与保养

在完成球头销轴零件的加工后，要清扫机床中的切屑，将机床工作台移动至机床尾部（防止机床导轨长时间静止受压发生变形），给机床移动部件和金属裸露表面做好防锈。并做好机床运行记录，清扫工位周边卫生，并完成表 8-25 中的机床卫生记录。

表 8-25　机床卫生记录表

序　　号	内　　容	要　　求	完成情况记录
1	零件	上交	
2	切削刀具	拆卸、整理、清点、上交	
3	工量具	整理、清洁、清点、上交	
4	机床刀架、导轨、卡盘	清洁、保养	
5	切屑	清扫	
6	机床外观	清洁	
7	机床电源	关闭	
8	机床运行情况记录本	记录、签字	
9	工位卫生	清扫	

学生签字：

7. 零件的评价与反馈

（1）根据表 8-26 中的检查项目对球头销轴零件进行检测，并做记录。

表 8-26 球头销轴零件检测记录表

检验项目及要求	检验量具	学生自测值	教师测定值	结果判定（以教师测定值为准）
外圆 $\phi14_{-0.021}^{0}$				
外圆 $\phi26_{-0.021}^{0}$				
外圆 $\phi20_{-0.021}^{0}$				
外圆 $\phi16$				
长度 $15_{-0.05}^{0}$				
长度 $100_{-0.05}^{+0.05}$				
$S\phi40_{-0.02}^{+0.02}$				
锥度 1∶10				
$M20\times1.5$				
跳动 0.02（两处）				
表面粗糙度 $Ra1.6$				
工件完成情况分析 工艺及编程改进意见			终结性评价	

（2）请根据表 8-27 中的项目完成对本次学习任务的自我评价。

表 8-27 球头销轴零件项目学习情况反馈表

序　号	项　　目	学习任务的完成情况	本人签字
1	工作页的填写		
2	独立完成的任务		
3	小组合作完成的任务		
4	教师指导下完成的任务		
5	是否达到了学习目标		
6	存在问题及建议		

项目九　套类零件的编程与加工

 学习目标

（1）分析套类零件的加工工艺知，制订出车削加工工艺方案；

（2）根据零件图和工艺方案要求，正确地选择和使用车削刀具；

（3）运用切削循环指令 G80 和 G71 编制套零件加工程序；

（4）遵守机床操作规程，按零件图纸要求车削加工出合格的套类零件；

（5）正确使用量具进行套类零件尺寸精度的检测和质量分析。

 内容结构

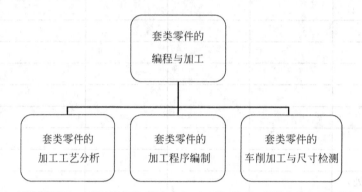

任务一　套类零件的加工工艺分析

 知识链接

在机械设备上常见有各种轴承套、齿轮、衬套及带轮等一些带内套及内腔的零件，因支撑、连接配合的需要，一般将它们做成带圆柱的孔、内锥、内沟槽和内螺纹等一些形状，此类工件称为内套、内腔类零件。

1. 套类工件的技术要求

（1）长度和直径的尺寸精度和表面粗糙度要求。

（2）同轴度、垂直度、圆跳动等位置精度要求。

（3）热处理要求：常进行调质等热处理工艺，以获得一定的强度、硬度、韧性和耐磨性。

（4）套类零件常用毛坯形式有热轧、圆棒料、锻造毛坯、铸造毛坯、空心管料等。

2. 刀具的选用和安装

由于锥套类零件一般都要求加工外圆、端面及内孔，这里主要介绍有关内表面加工用的刀具的选择与安装。

（1）内孔车刀又称镗孔刀，有机夹可转位式和普通焊接式，根据孔的不同它可以分为通孔刀和盲孔刀，如图 9-1 所示。通孔刀的主偏角可以小于 90°，一般在 45°～75°，副偏角 20°～45°，后角比外圆车刀稍大，一般为 10°～20°，台阶孔或不通孔刀的主偏角应大于 90°，刀尖位于刀杆的最前端，为了使内孔底面车平，刀尖与刀杆外端距离应小于内孔的半径。

（2）内孔车刀安装的正确与否，直接影响车削孔的精度，所以在安装时一定要注意以

(a) 通孔车刀

(b) 盲孔车刀

图 9-1 内孔车刀

下内容。

① 刀尖应与工件中心等高或稍高 0.1～0.5mm。如果装得低于中心，由于切削抗力的作用，容易刀柄压低而产生扎刀现象，并可能造成孔径扩大。

② 刀柄伸出刀架不宜过长，一般比加工孔长 5～6mm。

③ 刀柄基本平行于工件轴线，否则在车削到一定深度时刀柄后半部分容易碰到工件孔口。

④ 盲孔车刀装夹时，内偏刀的主切削刃应与孔底平面成 3°～5°，并且在车平面时要求横向有足够的退刀余地。

3. 套类工件切削用量的选择

车削内孔时切削用量要比车外圆时适当减小些，特别是车小孔或深孔时，其切削用量应更小。内孔粗加工时在工艺系统刚性和机床功率允许的情况下，尽可能取较大的背吃刀量，以减小进给次数，精加工时，为保证表面粗糙度要求背吃刀量一般取 0.1～0.4mm较为合适，如图 9-2 所示。一般练习的孔径在 20～50mm，所以切削用量可以参考表 9-1。

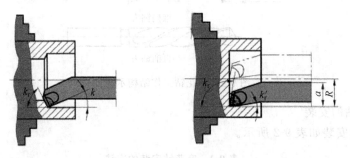
(a) 左手削通孔   (b) 右手削盲孔

图 9-2 内孔车刀车削示意图

表 9-1 孔加工参考切削参数

切削用量	粗 车	精 车
a_P	1～3mm	0.3mm 左右
f	0.2～0.3mm	0.1mm 左右
n	400～600r/min	800～1000r/min

套类工件外表面加工与轴类零件相同，因为内表面加工时，一方面排屑困难，另一方面刀杆振动刚性低，因此切削速度比外圆低，根据经验加工内孔的切削速度是加工外圆的0.8 倍。

4. 直套类工件的装夹与定位

根据直套类工件形状精度要求不相同,可以有不同安装方法,一般根据具体的形状、尺寸可以采用三爪、四爪、软爪、开缝夹套、心轴等装夹方式,但尽量采用三爪自定心卡盘装夹。这样装夹最方便快捷,一般套类工件在三爪卡盘上的装夹与定位方式如图 9-3 所示。

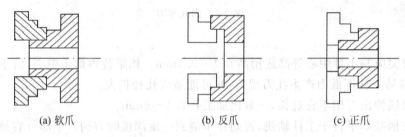

(a) 软爪　　　　　　　　(b) 反爪　　　　　　　　(c) 正爪

图 9-3　套类工件的装夹

5. 钻孔的方法和切削用量

孔的车削加工要求先钻孔后车孔,所以在孔车削之前要先用钻头钻削一个预留孔。麻花钻头是孔钻削加工的刀具,常见有直柄麻花钻和锥柄麻花钻,如图 9-4 所示。

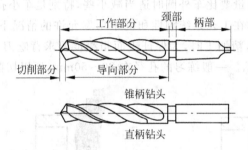

图 9-4　麻花钻工作结构示意图

1) 麻花钻的安装

麻花钻的安装如表 9-2 所示。

表 9-2　麻花钻安装的方法

麻花钻种类	装夹的方法
直柄麻花钻	一般用钻头装夹,然后将钻头夹锥柄装入车床尾座孔中即可进行钻削
锥柄麻花钻	当钻头锥柄与尾座锥孔的规格相同时,直接将钻头插入锥孔中即可,当钻头锥柄与尾座锥孔的规格不相同时,可用过渡锥套夹装钻头

2) 钻孔时切削用量的选择

切削速度 V_c(m/min):用高速钢钻头,工件为钢件时,取 $V_c \leqslant 20$mm;工件为铸铁时,取 $V_c \leqslant 15$mm,可根据 V_c 推算出所需的转速 n。

进给量 f(mm/r):钻孔时,一般是用手慢慢转动尾座手轮实现进给,进给量大会折断钻头。用直径 30mm 的钻头钻钢料时,取 $f = 0.1 \sim 0.35$mm/r;钻铸铁时,取 $f = 0.15 \sim 0.4$mm/r。

背吃刀量（mm）：钻孔时的背吃刀量就是钻头直径的一半。

6. 孔的车削方法

（1）粗车内孔一般可以用 G90/G71 指令，基本用法同外圆阶梯轴车削编程，如图 9-5 所示。

（2）精加工通直内孔通常可以直接用 G01 指令，沿轮廓轨迹进行车削，如图 9-6 所示。

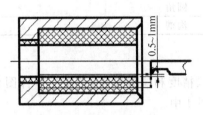

图 9-5 内孔粗车轨迹示意图

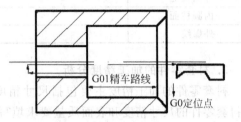

图 9-6 内孔精车轨迹示意图

任务实施

图 9-7 为衬套零件图，根据该图完成下列任务。

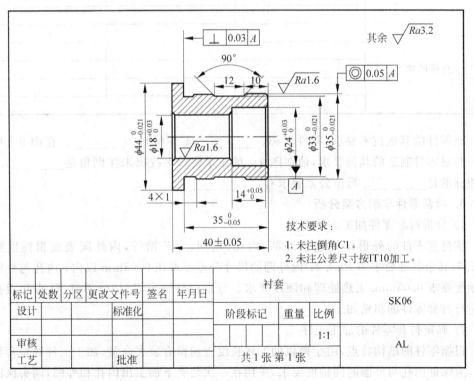

图 9-7 衬套零件图

1. 衬套零件的结构特点分析

分析零件图 9-7,根据图 9-7 提供的信息选出表 9-3 中该零件所具有的结构。

表 9-3　衬套零件的结构特点

零件特征	请选择(√)	零件特征	请选择(√)
圆柱面		倒角	
外圆锥面		圆弧面	
内圆柱面		圆角	
外螺纹		沟槽	

2. 衬套零件的加工精度分析

衬套零件的加工精度主要包括尺寸精度、形状精度和位置精度,请根据零件图 9-7,将衬套零件的尺寸精度和表面质量要求填写在表 9-4 中。

表 9-4　衬套零件加工精度

类　别	尺　寸　值	尺寸精度要求	表面粗糙度
长度尺寸			
直径尺寸			

该零件的其他技术要求,零件名称: _____ ,零件材料: _____ 。在图 9-7 中还有一些对零件制造的其他要求,请在图 9-7 的技术要求中找出未注倒角是 _____ ,未注公差标准是 _____ 。形位公差要求有: _____ 。

3. 衬套零件车削方案分析

1) 分析衬套零件加工方法

该衬套零件的外形结构包括外圆、内孔、端面、工艺槽等,内外圆表面粗糙度要求 $Ra1.6$,其余各处要求为 $Ra3.2$;内外圆的尺寸公差要求在 0.05mm 以内;内孔与外圆有同轴度要求 0.05mm.无热处理和硬度要求。分别由外圆车刀、切槽刀具、钻头和通孔车刀进行衬套零件的粗精加工。

2) 确定衬套零件的加工工序

根据零件的结构特点,由于提供的毛坯长度方向留有装夹余量,加工工件属短套类零件。为保证内孔与外圆的同轴度要求,采用在一次装夹下加工出内孔和外圆,调头保证零件总长度的加工方法。

请参考前面学习项目的数控车削方案完成表 9-5 所示的衬套零件数控车削方案。

表 9-5 衬套零件数控车削方案

工序	加工简图	工序内容
1	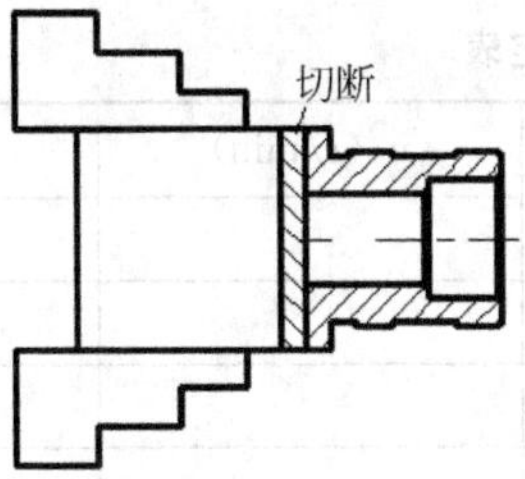	(1) 三爪卡盘装夹零件，伸出 50mm，钻削中心孔和 $\phi16$mm 通孔 (2) 粗、半精车零件 $\phi33$mm、$\phi35$mm 和 $\phi44$mm 外圆柱 (3) 精车零件 $\phi33$mm、$\phi35$mm 和 $\phi44$mm 外圆柱 (4) 切削工艺槽 4mm×1mm (5) 粗、半精车零件 $\phi24$mm、$\phi18$mm 台阶孔 (6) 精车零件 $\phi24$mm、$\phi18$mm 台阶孔 (7) 切断零件
2	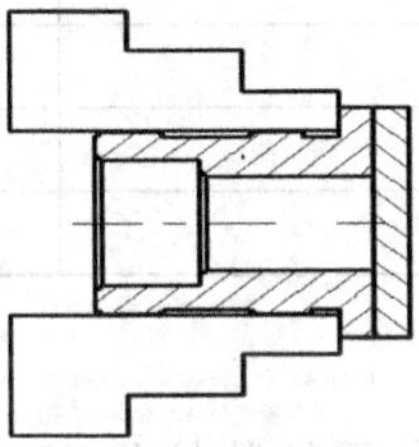	保证零件总长，并做倒角处理

4. 刀具的选择

不同的零件结构需要选用不同的切削刀具，而不同的切削刀具将会影响零件的生产效率和质量，选择表 9-6 中衬套零件加工的切削刀具。

表 9-6 数控加工刀具选择

实训项目			零件名称				
序号	刀具号	刀具名称	刀片规格	数量	加工表面	数量	备注
1							
2							
3							
4							
5							

5. 切削用量的选择

根据所选择的刀具、机床、材料,确定表 9-7 中衬套零件的切削深度 a_P、主轴转速 n 和进给速度 f。

表 9-7 切削参数确定表

加 工 项 目	加 工 方 式	a_P/mm	n/(r/min)	f/(mm/r)
外圆	粗车			
	精车			
外圆槽	粗车			
	精车			
中心孔	钻削			
孔	钻削			
内台阶孔	粗车			
	精车			

6. 数控加工工艺方案卡片的编制

通过对衬套零件的系列分析,完成表 9-8 中对衬套零件数控加工工艺方案卡片的填写。

表 9-8 数控加工工艺方案卡片

实训项目		零件图号		系统		材料	
装夹定位简图							
程序名称		G 功能	T 刀具	切削用量			
				转速 S/(r/min)	进给速度 F/(mm/r)	背吃刀量 a_P/mm	
工序号	工步	工步内容					

任务二 套类零件的加工程序编制

知识链接

套类零件的形状基本同轴类零件类似，基本上由直线、45°倒角等简单轮廓连接组成，但不同是的既有外轮廓也有内轮廓。其工件形状简单，这里主要就内孔轮廓的程序编程进行学习。

1. 孔的轮廓程序编写

内孔的轮廓可以使用 G01、G02、G03 基本插补指令编程，这些指令的详细用法说明在台阶轴项目中已做说明。

应用举例：如图9-8所示，有一简单套类零件（未注倒角C1），毛坯中心通孔的直径是 $\phi23mm$，需要编写内孔的精加工程序。孔精加工的走刀轨迹如图9-9所示。

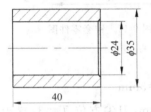

图9-8 简单套零件精加工

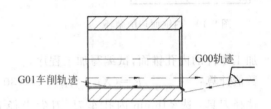

图9-9 内孔轮廓精加工的轨迹线

套类零件内孔精加工程序如下。

```
%4;
N10    T0404 G99;           //换 4 号内孔车刀，执行 04 号刀补，转进给方式
N20    M03 S800;            //主轴正转，800r/min
N30    M08;                 //切削液开
N40    G00 X28 Z1;          //快速定位到精车起点
N50    X24 Z-1 F0.1;        //精车倒角，进给速度 F0.1mm/min
N60    Z-42;                //精车内孔；
N70    X20;                 //X 向退刀
N80    G00 Z1;              //Z 向退刀
N90    G00 Z100;            //Z 向退刀
N100   X100;                //X 向退刀，回换刀点
N110   M30                  //程序结束
```

通过前面的例题可以看出，内孔车削过程中，刀具要先离开工件内壁，才可以快速退刀，退出孔内部后，X 方向才可以快速退回 X100。

2. G80 内外圆锥切削单一固定循环

G80 内外圆锥切削单一固定循指令的详细用法说明在锥轴项目中已做说明，这里不再详述。

指令格式：G80 X(U)__ Z(W)__ R__ F__；

参数说明(仅介绍与外圆锥不同处):

(1) X、Z 为内孔切削终点(C 点)的绝对坐标值;

(2) U、W 为内孔切削终点(C 点)相对于循环起点(A)的增量坐标值。

G90 指令完成如图 9-10 所示①→②→③→④路径的循环操作。1、4 动作刀具快速移动,2、4 动作刀具直线切削。

应用举例:

如图 9-11 所示零件,用 $\phi 35 \times 40$mm 的套类毛坯,预留内孔直径 $\phi 22$mm。

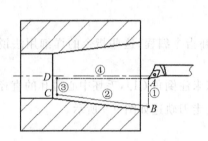

图 9-10　内锥面切削循环

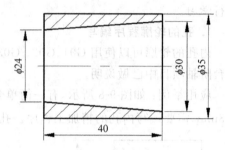

图 9-11　锥套零件图

加工零件的内孔锥面,试编写加工程序。

数值计算:　　　　　　$R = (X_{起} - X_{终})/2 = (30 - 24)/2 = 3$mm

选择刀具:选 $\phi 16$mm 内孔车刀,刀尖半径 $R = 0.4$mm,刀尖方位 $T = 3$,置于 T04 刀位。

确定切削用量:如表 9-9 所示。

表 9-9　图 9-11 所示零件的切削用量

加 工 内 容	背吃刀量 a_p/mm	进给量 f/(mm/r)	主轴转速 n/(min/r)
粗车锥面	≤2	0.2	500
精车锥面	0.25	0.1	1000

套类零件内锥孔循环加工程序如下。

```
%4;
N10    T0404 G99;              //换 4 号内孔车刀,执行 04 号刀补,转进给方式
N20    M03 S500;               //主轴正转,500r/min
N30    M08;                    //切削液开
N40    G42 G00 X22 Z1;         //快速定位至循环起点
N50    G80 X18 Z-40 I3 F0.2;   //锥面切削循环第一次
N60    G80 X20 Z-40 I3;        //锥面切削循环第二次
N70    G80 X22 Z-40 I3;        //锥面切削循环第三次
N80    G80 X23.5 Z-40 I3;      //锥面切削循环第四次
N90    G00 X30 Z2;             //快速定位至精车起点附近
N100   M03 S1000;              //主轴正转,1000r/min
N110   G01 Z0.F0.1;            //慢速进刀至精加工起点
N120   X24 Z-40;               //切削锥面至尺寸要求
```

N130	G40 X18;	//取消刀具半径补偿
N140	G00 Z100;	//Z向退刀
N150	X100;	//X向退刀，回换刀点
N160	M30	//程序结束

3. 内外径粗车复合循环 G71

G71 内外径粗车复合循环指令的详细用法说明在台阶周项目中已做详细说明，这里不再详述。仅对于内孔粗车循环时不同的参数设置进行说明。

指令格式：G71 U(Δd) R(r) P(ns) Q(nf) X(Δx) Z(Δz) F(f) S(s) T(t)；

参数说明：

Δx 为 X 方向精加工余量，内轮廓加工时为负值。

编程实例：如图 9-12 所示零件，用 $\phi 35 \times 40$mm 的套类毛坯，预留内孔直径 $\phi 22$mm。

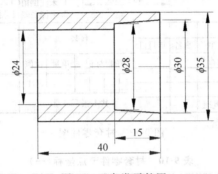

图 9-12 套类零件图

套类零件 G71 循环加工程序如下。

```
%4;
N10    T0404 G99;                             //换4号内孔车刀，执行04号刀补，转进给方式
N20    M03 S500;                              //主轴正转，500r/min
N30    M08;                                   //切削液开
N40    G42 G00 X22 Z1;                        //快速定位至循环起点
N50    G71 U2 R0.5 P60 Q100 X - 0.4 Z0.1 F0.2;  //粗切量2mm 精切量：X0.4mm Z0.1mm
N60    G01 X30 F0.1 S1000;                    //精加工轮廓起始行，主轴升速至1000r/min
N70    X28 Z - 15 ;                           //精车锥面
N80    X24;                                   //精车内端面
N90    Z - 41 ;                               //精车内孔
N100   X22                                    //慢速进刀至精加工终点
N110   G00 Z100;                              //Z向退刀
N120   X100;                                  //X向退刀，回换刀点
N130   M30;                                   //程序结束
```

 任务实施

图 9-13 所示为衬套零件图，根据该图完成下列任务。

分析与完成零件的轮廓节点坐标，编写加工程序，完成表 9-10～表 9-13 的内容。

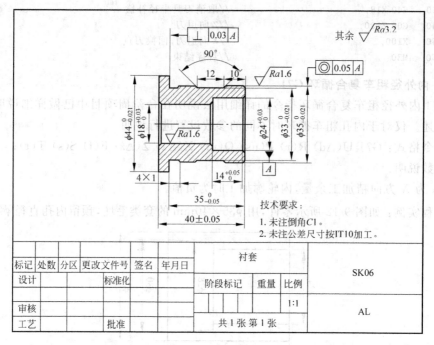

图 9-13 衬套零件图

表 9-10 衬套零件节点坐标(一)

轮廓节点	坐标	轮廓节点	坐标
1		6	
2		7	
3		8	
4		9	
5			

表 9-11 衬套零件加工程序(一)

程序名		
程序段号	程序内容	说明注释
N10		
N20		
N30		
N40		
N50		
N60		
N70		
N80		
N90		

续表

程序名		
程序段号	程序内容	说明注释
N100		
N110		
N120		
N130		
N140		

表 9-12　衬套零件节点坐标（二）

轮廓节点	坐标
1	
2	
3	
4	
5	
6	

表 9-13　衬套零件加工程序（二）

程序名		
程序段号	程序内容	说明注释
N10		
N20		
N30		
N40		
N50		
N60		
N70		
N80		
N90		
N100		
N110		
N120		

任务三　套类零件的车削加工与尺寸检测

知识链接

　　套类零件的车削过程，既有外轮廓的加工也有内孔的车削，整个过程在刀具的使用上、参数的选择以及零件的精度保证和检测上都有更多的要求。

1. 数控车削操作作业指导书

数控车床的自动运行加工,有着严格的操作标准和要求,而作业指导书作为重要的生产指导文件,是工作过程中的指导性文件。如表 9-14 所示为衬套零件数控车削操作作业指导书。

表 9-14　衬套零件数控车削操作作业指导书

衬套零件车削操作作业指导书	
零件名称	衬套
加工设备	CAK4085si 型数控车
控制系统	HNC-21T
作业示意图	 工序一　　　　工序二
作业流程	安全注意事项:作业过程中严格执行安全文明生产要求和机床安全操作规程 作业顺序: 1. 按要求检查机床是否符合安全运行要求,参照"数控车床检查表"进行自检,符合要求后,可以使设备投入正常运转 2. 准备好加工过程所需的工具、刀具和量具 3. 根据工序一,装夹零件毛坯,伸出所需的长度(大于本工序的有效加工长度) 4. 安装加工刀具:外圆刀 T0101、切槽刀 T0202、通孔车刀 T0303 5. 安装中心钻,钻削定位中心孔 6. 安装钻头,钻削 $\phi18$mm 通孔 7. 对刀操作,建立零件加工坐标系 8. 编辑和调用加工程序,自动模式锁住机床进行模拟校验 9. 自动执行粗精加工,开始时单段执行,确保正常后,关闭单段,连续执行 10. 粗车外圆后,测量和进行刀补值的修整,精车保证尺寸精度 11. 切削外圆槽 12. 粗车内孔后,测量和进行刀补值的修整,精车保证尺寸精度 13. 切断零件,保证足够长度 14. 调头装夹,建立新的零件加工坐标系 15. 加工完毕后,拆下零件进行自检和尺寸分析

续表

衬套零件车削操作作业指导书

质量检查内容	检查项目		使用量具	
	外圆直径		外径千分尺	
	内孔直径		内测千分尺	
	长度		机械游标卡尺	
	表面粗糙度		粗糙度对照板	
	外观质量		目测	
	外圆槽		机械游标卡尺	
毛坯材料	AL	毛坯规格	$\phi42 \times 55mm$	毛坯数量/件	1
装夹夹具	三爪自定心卡盘				
切削刀具	中心站、$\phi18mm$ 钻头、$90°$外圆车刀、$4mm$切槽刀、$\phi16mm$内孔车刀				
量具	$0\sim125mm$ 游标卡尺、$0\sim25mm$ 千分尺、$25\sim50mm$ 千分尺、$5\sim30mm$ 内测千分尺				

2. 内孔加工精度的控制方法

为了保证套类零件的内孔尺寸精度，需要将加工过程分成粗车、半精车和精车 3 个过程。在车床完成了内孔的粗车和半精车后，此时可以测量已加工的内孔直径尺寸，检查与图纸要求尺寸的实际偏差。通过对刀具预留磨损数值的修正和精加工过程，保证和实现内孔直径的尺寸精度，如表 9-15 所示为直径刀具磨损值的修正方法。

表 9-15 直径刀具磨损值的修正方法

磨损修正案例：

如有一套类零件，内孔直径尺寸数值要求为 $\phi28^{+0.021}_{0}mm$。

粗车前：磨损预留值为 $-0.5mm$。

半精加工后：内孔直径实测数值为 D 实测直径为 $\phi27.58mm$。

外圆直径的 D 理论数值：取 $\phi28^{+0.021}_{0}mm$ 的中差值为 $\phi28.01mm$。

修正后磨损的值 U 公式为

$$U = 磨损预留值 - (D\ 实测直径 - D\ 理论数值)$$

所以 修正值 $U = -0.5mm - (27.58mm - 28.01mm) = -0.07(mm)$

磨损值修正的方法：

在系统对刀操作的刀偏表中，找到对应的刀具 X 磨损值栏，将修正后的磨损数值直接输入并替代到原先的预留磨损值，最后进行精车加工即可

 任务实施

在数控车床执行自动加工程序之前，需要完成设备、材料、工具、刀具和量具等各项准备工作，参考标准作业指导书完成衬套零件的数控车削加工任务。

1. 设备、工量具和刀具的准备

（1）检查机床是否符合运行要求，并记录在检查表 9-16 中。

表 9-16　机床状态检查表

检 查 部 位	检 查 方 法	判 断 依 据	检 查 结 果
机床润滑油	目测、手动供油操作	润滑油液面足够、油泵供油正常	
电柜风扇	目测、耳听	风扇工作正常、有风	
机床主轴	目测、耳听	转速正常、声音正常	
机床移动部件	目测、耳听	机床部件移动轻便、平滑	

（2）根据工量刀具准备清单完成表 9-17。

表 9-17　工量刀具清单

名　　　称	规格（型号）	数　　　量
毛坯		
93°外圆车刀		
切槽车刀		
内孔车刀		
游标卡尺		
千分尺		
内测千分尺		

2. 安装零件毛坯

按照表 9-4 中工序一加工内容，装夹毛坯，毛坯伸出长度为_____。

提示：毛坯安装要夹牢，卡盘钥匙要放好。

3. 安装切削刀具

按图 9-14 所示，在 1 号刀位位置上安装外圆车刀，在 2 号刀位位置上安装切槽车刀，在 3 号刀位位置上安装通孔车刀。

内孔车刀安装时，刀尖应与工件中心等高或者_____。刀柄伸出刀架不宜过长，一般比加工孔长_____ mm 左右。

4. 建立工件坐标系

内孔车刀的对刀方法有试切法对刀和对刀仪对刀，通常直接用刀具试切对刀。如图 9-15 所示，1 号刀具为 X 方向对刀，2 号刀具为 Z 方向对刀。

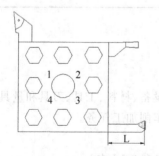

图 9-14　车刀安装示意图

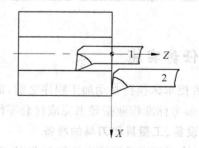

图 9-15　内孔车刀对刀示意图

根据试切法对刀的操作步骤，完成表 9-18。

表 9-18　试切法对刀的操作步骤

操 作 步 骤	记 录 操 作
1. MDI 模式启动主轴正转	主轴转速：　　r/min
2. Z 方向对刀，手摇将内孔车刀刀尖对准端面	试切长度栏输入：
3. X 方向对刀，手摇试切外圆，沿 Z 方向退出，停止主轴	测量已切外圆直径：　　mm 试切直径栏输入：

5. 衬套零件的数控车削

1）粗精加工衬套的右端轮廓（工序一）

（1）钻削端面中心孔（工步一）。

手动钻削端面中心孔：转速：＿＿＿＿＿r/min，进给速度控制均匀。

（2）钻削端面 φ16 内孔（工步二）。

手动钻削端面 φ16 内孔：转速：＿＿＿＿＿r/min，进给速度控制均匀，打开切削液。

（3）粗车外轮廓（工步三）。

根据粗车衬套零件右端外轮廓（工步三）的操作步骤，完成表 9-19。

表 9-19　粗车衬套零件右端外轮廓（工步三）的操作步骤

操 作 步 骤	记 录 操 作
1. 调取粗车加工程序	程序名：
2. 留取直径磨损值	X 磨损值栏输入：
3. 执行衬套零件右端轮廓粗车	检查卡盘、刀架扳手已经取下（　　）防护门已经关闭（　　）

（4）外圆尺寸精度的修正（工步四）。

外圆阶梯在粗车后，形成的外圆直径尺寸一般不能符合图纸的要求，通过检测外圆的直径尺寸，对比精度要求，修正磨损值，如表 9-20 所示。

表 9-20　衬套零件外圆尺寸精度的控制

理论值	允许的尺寸范围	实际测量值	存在偏差值	预留的磨损值	修正后预留值

（5）精车（工步四）。

在修改完预留值后，修改加工程序成精加工程序，按循环启动，完成精加工，检测并保证外圆的直径尺寸精度。

（6）车削外圆槽（工步五）。

根据车削衬套零件外圆槽（工步五）的操作步骤，完成表 9-21。

表 9-21　车削衬套零件外圆槽（工步五）的操作步骤

操 作 步 骤	记 录 操 作
1. 调取车削加工程序	程序名：
2. 执行外圆槽车削程序	检查卡盘、刀架扳手已经取下（　　　）防护门已经关闭（　　　）

（7）粗车内孔（工步六）。

根据粗车衬套零件右端内孔（工步六）的操作步骤，完成表 9-22。

表 9-22　粗车衬套零件右端内孔（工步六）的操作步骤

操 作 步 骤	记 录 操 作
1. 调取粗车加工程序	程序名：
2. 留取直径磨损值	X 磨损值栏输入：
3. 执行衬套零件右端内孔粗车	检查卡盘、刀架扳手已经取下（　　　）防护门已经关闭（　　　）

（8）内孔尺寸精度的修正（工步七）。

零件内孔在粗车后，形成的直径尺寸一般不能符合图纸的要求，通过检测内孔的直径尺寸，对比精度要求，修正磨损值，如表 9-23 所示。

表 9-23　衬套零件内孔尺寸精度的控制

理论值	允许的尺寸范围	实际测量值	存在偏差值	预留的磨损值	修正后预留值

（9）精车（工步七）。

在修改完预留值后，修改加工程序成精加工程序，按循环启动，完成精加工，检测并保证外圆的直径尺寸精度。

2）粗精车衬套零件左端轮廓（工序二）

保证零件总长（工步一）

根据衬套零件总长尺寸精度的控制，完成表 9-24。

表 9-24　衬套零件总长尺寸精度的控制

理论值	允许的尺寸范围	实际测量值	存在偏差值

6. 机床的清扫与保养

在完成衬套零件的加工后，要清扫机床中的切屑，将机床工作台移动至机床尾部（防止机床导轨长时间静止受压发生变形），给机床移动部件和金属裸露表面做好防锈。并做好机床运行记录，清扫工位周边卫生，并完成表 9-25 的机床卫生记录。

7. 零件的评价与反馈

（1）根据表 9-26 中的检查项目对衬套零件进行检测，并做记录。

（2）请根据表 9-27 中的项目完成对本次学习任务的自我评价。

表 9-25　机床卫生记录表

序　号	内　容	要　求	完成情况记录
1	零件	上交	
2	切削刀具	拆卸、整理、清点、上交	
3	工量具	整理、清洁、清点、上交	
4	机床刀架、导轨、卡盘	清洁、保养	
5	切屑	清扫	
6	机床外观	清洁	
7	机床电源	关闭	
8	机床运行情况记录本	记录、签字	
9	工位卫生	清扫	

学生签字：

表 9-26　衬套零件检测记录表

检验项目及要求	检验量具	学生自测值	教师测定值	结果判定（以教师测定值为准）
外圆 $\phi 33_{-0.021}^{0}$				
外圆 $\phi 35_{-0.021}^{0}$				
外圆 $\phi 44_{-0.021}^{0}$				
内孔 $\phi 24_{0}^{+0.03}$				
内孔 $\phi 18_{0}^{+0.03}$				
长度 $40_{-0.05}^{+0.05}$				
长度 $35_{-0.05}^{0}$				
长度 $14_{0}^{+0.05}$				
同轴度				
垂直度				
表面粗糙度 $Ra1.6$				
工件完成情况分析 工艺及编程改进意见			终结性评价	

表 9-27　衬套零件项目学习情况反馈表

序　号	项　目	学习任务的完成情况	本　人　签　字
1	工作页的填写		
2	独立完成的任务		
3	小组合作完成的任务		
4	教师指导下完成的任务		
5	是否达到了学习目标		
6	存在问题及建议		